天津市科协资助出版

有限单元法
及工程应用

叶金铎　李林安　杨秀萍

张敬宇　蔡宗熙　沈　珉　　编著

清华大学出版社

北　京

内 容 简 介

本书是作者多年从事有限元教学、科学研究、工程实践和培训工程技术人员经验的积累与总结。

全书分为8章。第1章为绪论,介绍了有限元的发展概况和本书的写作目的,第2章为弹性力学的基本方程和定解条件,第3章为平面问题的有限单元法,第4章为空间问题的有限单元法,第5章为板壳问题的有限单元法,第6章为杆件结构的有限单元法,第7章为有限元商业软件介绍与有限元的实施,第8章为有限元法的工程应用。

本书可以作为大学生、研究生的教材和工程技术人员的参考书。

图书在版编目(CIP)数据

有限单元法及工程应用/叶金铎,李林安,杨秀萍等编著.—北京:清华大学出版社,2012.12
(2022.9重印)

ISBN 978-7-302-30963-5

Ⅰ. ①有…　Ⅱ. ①叶… ②李… ③杨…　Ⅲ. ①有限元法－应用－工程技术　Ⅳ. ①TB115

中国版本图书馆 CIP 数据核字(2012)第 294771 号

责任编辑:佟丽霞　赵从棉
封面设计:傅瑞学
责任校对:赵丽敏
责任印制:曹婉颖

出版发行:清华大学出版社
　　　　网　　址:http://www.tup.com.cn, http://www.wqbook.com
　　　　地　　址:北京清华大学学研大厦 A 座　　　邮　　编:100084
　　　　社 总 机:010-83470000　　　　　　　　　　邮　　购:010-62786544
　　　　投稿与读者服务:010-62776969, c-service@tup. tsinghua. edu. cn
　　　　质量反馈:010-62772015, zhiliang@tup. tsinghua. edu. cn
印 装 者:北京建宏印刷有限公司
经　　销:全国新华书店
开　　本:170mm×230mm　　印　　张:13　　　字　　数:258 千字
版　　次:2012 年 12 月第 1 版　　　　　　　印　　次:2022 年 9 月第 3 次印刷
定　　价:42.00 元

产品编号:051070-02

前　言

随着计算机软硬件的发展,有限元方法日渐成熟,广泛用于诸多工程领域。学习掌握有限元的基本理论与方法,运用大型有限元多物理场分析软件解决工程实际问题是大学生、研究生和工程技术人员的基本能力之一。本书是作者多年从事有限元教学、科学研究、工程实践和培训工程技术人员经验的积累与总结。

本书具有 3 个明显的特点:①采用尽可能少的数学知识推导有限元列式以及引入附加方程,目的在于化解学习有限元的难度,在工程师中普及有限单元法的知识,推广有限单元法在工程中的应用;②以实施一个完整的有限元计算为主线,用读者熟悉的问题说明有限元计算的主要步骤;③作者精选了计算实例,包括有限元软件使用的算例以及工程应用的算例,全部为作者的研究成果。算例的内容广泛,包括了多物理场耦合与多重非线性耦合问题,有较好的参考价值。

本书第 1 章由张敬宇执笔,第 2 章由蔡宗熙执笔,第 3,4 章由李林安执笔,第 5 章由叶金铎执笔,第 6 章由沈珉执笔,第 7,8 章由杨秀萍和叶金铎执笔。丹佛斯(天津)有限公司的叶航,天津理工大学的李哲硕士、席玉廷硕士参与了第 8 章算例的编写,天津理工大学的田倩倩硕士、王献抗硕士参与了第 4 章的编写。

本书经过天津市科学技术协会专家组的评审,出版得到了天津市科学技术协会的资助,作者对此表示感谢。

作　者

2012.11

有限单元法及工程应用

目录

绪　论

1.1　关于弹性力学

　　材料力学是研究弹性体在载荷作用下所发生的应力、应变和位移规律的学科。就研究变形固体在载荷作用下的弹性变形规律而言,弹性力学和材料力学有相同之处。但是,二者在研究对象上有所分工,在研究方法上也有所不同。

　　在材料力学里,基本上只研究所谓杆状构件,也就是长度远大于宽度和厚度的构件,主要研究这类构件在拉压、剪切、弯曲和扭转等几种基本变形形式下的应力、应变和位移。关于非杆状构件,可分为两类:厚度远小于长度和宽度的板壳类结构和三个方向尺度接近的块体结构,它们在外力作用下的应力、应变和位移的研究就构成了弹性力学的主要内容。在工程设计中所遇到的结构远不都是由杆状构件组成,为了对它们进行精确的结构设计,提高整体设计水平,学弹性力学是必须的。

　　在材料力学里,在推导杆件基本变形的应力计算公式中,采用了超静定的计算方法,通过观察变形,引入变形假设,通常为平截面假设,进而通过几何关系、物理关系和静力学关系导出计算公式。如果平截面假设得到满足,计算结果为精确解;如果平截面假设没有完全被满足,则所得结果为近似解。但是材料力学无法验证平截面假设是否正确,通常需要通过高一级理论即弹性力学、实验或数值模拟验证平截面假设。而在弹性力学里,则不需要引入这些假定,弹性力学的求解方法为在给定的边界条件下解基本方程,所得解是精确解。因为弹性力学求解的是偏微分方程,求解相对困难。对于杆状构件,可以用弹性力学得到的解验证材料力学解的近似程度和确定其适用范围,或直接对其解进行修正。例如,对于某些形式的梁,可以用弹性力学解去确定材料力学解引起的误差,并可以确定在工程许可的误差下,梁的跨度和高度之比在多大范围之内材料力学解是可用的。又如,对于某些带孔的杆状构件,可以用弹性力学解去确定应力集中系数,用以对材料力学解进行修正。总之,由于引入了变形状态方面的假定,材料力学解只是对那些足够细长、且截面变化不显著、载荷分布规则的杆状构件,使其满足结构设计的需要,否则,就需要去寻求弹性力学解。不过,作为固体力学入门的材料力学,如果较好地掌握了它的基本内容,对学好弹性力学是非常有利的。

关于弹性力学的内容,大致分为两个部分:第一部分,针对不同类型的结构,对于应力、应变、位移这些物理量,根据静力学、几何学、物理学的分析,建立它们需要满足的域内控制方程,一般是表达为偏微分方程组及其定解条件的形式;第二部分,对于各类给定的问题,得到各个物理量在研究区域里的函数解(解析解)。在弹性力学书籍里,对于第一部分内容,人们早已建立了完整的方程体系,它们是:表达应变和位移关系的几何方程、表达应力和应变关系的物理方程、表达应力和外力关系的平衡方程、已知位移的边界条件和已知力的边界条件。总之,已有足够多的微分方程和定解条件,可以用来求解所要的未知物理量。在第二部分内容里,虽经数学、力学工作者长期的努力,去寻求各类问题的解,也只是对少数方程性质比较简单、几何形状足够规则的问题得到了应力的函数解,无法直接获得位移解。对于大多数问题,特别是工程中的实际问题,当结构复杂或边界条件复杂时,通常难以得到解答。因此,为了结构设计的需要,人们只好对已建立的微分方程寻求近似解法——数值解法。

1.2　关于数值解法

在弹性力学里,曾经被成功地运用的数值解法主要有差分法和变分法。

用差分法解题时,首先要将求解区域划分为网格,再在网格的节点上用它和它相邻节点上的函数值计算出来的各阶差分代替各阶微分,然后就可以把各个节点处的微分方程中微分用差分代替,从而把节点处的微分方程都变成了包含节点函数值的代数方程。用这样的代数方程组可以求出各节点的函数值,如果需要还可以用节点的函数值去拟合函数在各个方向的变化曲线。当采用较多的网格节点时,这样得到的近似解的精度可以改进。

变分法是将待求函数应满足一定的微分方程和定解条件这样的提法变为待求函数是一定的泛函(函数的函数)的极值函数的提法,亦即,令泛函取极值的函数就是微分方程的解。用这种方法寻求近似解,首先要针对给定问题推导出相应的泛函,泛函一般表达为求解区域里的定积分形式;然后设出待求函数(在泛函中包含的函数)的试探函数,试探函数中包含已知的函数系列和系列中每个函数的待求系数;把试探函数代入泛函,对其中的已知函数进行运算后,泛函中未定的也只有各个待定系数了,泛函也就变成了待求系数的多变量函数了,泛函的极值问题就变成了函数的极值问题;利用多变量函数求极值点的条件可以推导出求待定系数的代数方程组,在弹性力学里,推导出的泛函中包含有待定函数最高的二次项,代入试探函数后,则包含有待定系数最高的二次项,所以,利用极值条件导出的代数方程将包含待定系数最高的一次项,亦即,导出的方程是关于待定系数的线性方程组;利用所得方程组可以求出待定系数,再把它们代回试探函数,就形成了待求函数的近似解。这样求近似解的方法,很多文献把它叫做里茨法,增加试探函数中已知函数系列的项数和待定系数个数可以改进近似解的精度。

差分法和变分法在弹性力学问题求解中曾得到过成功的应用,但是应用并不广泛,主要是用在少数研究人员中,工程人员很少用到。究其原因,简单地说,主要是它们都只适用于解决几何形状规则的问题,对于几何形状和边界条件比较复杂的问题,用这两种方法处理会比较麻烦或困难;再者,对于工程中会遇到的各式各样的计算对象,它们也不便于使计算工作程序化。随着电子计算机的出现和应用发展起来的有限单元法,则很好地弥补了上述方法的缺陷。

1.3　关于有限单元法

有限单元法常简称为有限元法,也是一种求解微分方程的数值方法。同变分法类似,用有限单元法解题的第一步也要设待求函数的试探函数。但是它的突出特点是:用分片插值函数来表达试探函数。首先要把求解区域分片,分为有限多个子区域,当然每个子区域的尺寸也是有限的,称每个子区域为单元,也就有了有限单元法的取名;在每个单元里,取一个插值函数的表达式作为它的试探函数,各个单元的试探函数合起来就构成整个求解域的试探函数。所谓单元插值函数就是在单元上取某些点为节点,单元内任一点的函数值用节点处的函数值或其导数值来表示,节点一般取在单元表面上。应注意到,这种取试探函数的方法有其显著的优点:首先,单元本身可以取不同的形状,单元组合起来可方便地构成复杂几何形状的求解域;再者,插值函数中的待定系数意义明确,就是节点处的函数值,或其导数值,这就便于处理单元组合时函数的连续性问题,同时也易于处理要满足的边界条件。这些优点都正好弥补了差分法和变分法存在的缺陷,使之易于去处理结构设计中各种问题的计算。所以,有限元法的出现,是数值解法领域研究取得的突破性进展。

在有限元法发展和应用的初期(20世纪六七十年代),人们用它来解算题目时,都要根据自己要解算的问题,先推演公式,主要是要导出求解单元节点参数(函数值或其导数值)的代数方程组;然后根据公式编制和调试计算机程序;再对解算对象划分单元,填数据,输入计算机进行计算;之后整理计算结果。这样解算一个题目的周期比较长。其实,人们也早已发现有限元法的另一个优点:易于使计算程序化,有人就致力于通用商业计算软件的开发。20世纪80年代以来,这类通用软件逐渐投入应用。发展到现在,这类软件也越来越成熟,不仅有强大的分析计算功能,还辅以完善的前后处理程序,算题时只需输入必要数据,单元的划分也都自动进行,计算结果的读取处理也变得直观容易。有的软件还有在计算结果的基础上进行优化设计和计算机辅助设计的功能。另外,有限元法计算精度的提高主要依赖于单元划分的加密,也就是增多待求的节点参数,这就对计算机的存储能力和计算速度提出高的要求。有限元法应用的初期,在这方面也很受限制。随着计算机功能的迅速提高,到现在,可以说,对于结构设计中大量的线性问题,这已经不是问题。总之,对于工程设计任务来说,用有限元法做定量分析,其精度和效率都已完全满足要求,所以,要说有限元法的应用已成为工程师手中使结构设计水平产生质的飞跃的有力工具,一点也不为过。

1.4 有限元法在工程中的应用

有限元法最初应用在求解结构的平面问题,现在已由二维问题扩展到三维问题、板壳问题,由静力学问题扩展到动力学问题、稳定性问题,由结构力学扩展到流体力学、电磁学、传热学等学科,由线性问题扩展到多重非线性的耦合问题,材料性质也由弹性扩展到弹塑性、塑性、粘弹性、粘塑性和复合材料。应用领域逐步扩展,诸如航空航天、土木工程、机械工程、水利工程、造船、电子技术及原子能等,由单一物理场的求解扩展到多物理场的耦合,由单一构件问题扩展到多个物体的结构问题,其应用的深度和广度都得到了极大的拓展。

有限元在汽车工业得到了广泛应用。有限元法在汽车零部件结构强度、刚度的分析中最显著的应用是在车架、车身的设计中。车架和车身有限元分析的目的在于提高其承载能力和抗变形能力、减轻其自身重量并节省材料。有限元法在汽车安全性评价方面更是发挥了重要作用。早期的汽车安全性评价主要通过汽车碰撞实验,存在的主要问题包括周期长、费用高和容易造成人身伤害。此外此类实验的性质属于发现实验,主要通过实验发现的现象对汽车的合理性设计进行修改和优化。现在将有限元方法用于汽车安全性评价,可以通过虚拟仿真发现问题,大量实验通过虚拟仿真完成,实验性质也从发现实验转变为验证实验,与传统的实验方法相比,具有周期短、费用低和能够减少人员伤害的优点。

有限单元法在建筑结构设计中也得到了广泛应用。以钢结构抗火设计为例,钢结构具有自重轻、抗震性能好、施工速度快和环保效果好等优点,在高层建筑、大型体育场馆得到广泛应用。但是钢材在火灾条件下强度和刚度会迅速降低,因此必须施加防火保护。在钢结构抗火设计时需要解决的主要问题是安全和经济性方面的问题,即在保证安全的前提下尽量降低造价。早期的钢结构抗火设计主要采用基于构件实验的抗火设计方法,存在的主要问题是结构失效与构件失效差别很大,用构件失效准则判定结构失效过于保守。整体结构抗火实验,结果准确,但是费用高,而且不能对所有结构逐一进行火灾实验。基于计算的钢结构抗火设计最大优势在于方便参数研究,虽然还存在许多困难,但是发展前景广阔。

有限单元法在金属成型的模具和工艺设计中得到了广泛应用。金属成型过程十分复杂,理论上属于弹塑性、大变形和接触非线性相互耦合问题。采用有限元法研究焊管、无缝钢管的成型过程,可以为成型工艺和模具设计提供参考。有限元法的应用,使基于经验的成型工艺与模具设计逐步转变为基于数值模拟结果的成型工艺与模具设计,提高了设计水平,降低了设计周期。残余应力会降低石油套管的抗挤毁能力,准确估计与测试钢管成型后的残余应力,对于提高石油套管的抗挤毁能力有重要意义。此外,石油套管的液体密封和气体密封对于防止液体泄漏和有害气体泄漏具有重要工程实践意义。研究石油套管的密封问题,面临许多困难,困难之一在于偏梯螺纹存在泄漏通道,需要设计的合理接箍和钢管鼻端结构保证密封。增加螺纹面的接触压力有利于密封,但是会造成粘扣问题,损害钢管和接箍。用实验方法研究,结构设计的合理性必须通过制造完成足尺钢管和接箍后进行实验检验,缺点在于修改参数困难。采用数值方法研究石油套管的密封问题具有广阔的发展前景。

采用数值方法研究铸造的充型过程和凝固冷却过程,对于合理设计铸件结构、铸造工艺和铸造的浇冒口,避免铸件出现缩孔缩松和提高铸件质量有实践意义。研究铸造的充型过程包括可动边界问题,需要进行网格的重新划分,数值模拟还存在一定困难。研究铸造的凝固过程,计算温度场需要给定传热系数,传热系数依赖于环境温度,因此还需要研究传热系数的合理确定。

有限单元方法在生物力学中的应用日益受到重视。例如在人体关节置换中的应用包括髋关节置换、膝关节置换,需要制订个性化手术方案,目前主要通过三维重建创建骨骼的实体模型和有限元模型,再创建植入假体,通过分析确定合理的手术方案。在骨折愈合与骨折固定的研究方面,为了减少骨愈合后的二次手术,研究人员设想将可降解的镁合金材料用于骨钉和骨板的制作,但是这对镁合金的降解速率有严格的要求,骨折初期,骨钉和骨板必须满足固定和承担载荷作用的需要,骨愈合的后期,骨钉和骨板必须降低刚度到一定程度,减少应力遮挡的作用,促进骨折的愈合。现在,有限单元方法在骨科假体设计和器械设计方面得到了广泛的应用。

口腔正畸主要是通过器械对牙颌施加矫形力,促使牙齿周围的组织发生吸收和增生的生物学效应,达到矫形的目的。研究表明,由于牙周膜的影响,受到拉伸应力作用的骨组织会促进成骨细胞的生长,而受到压缩应力影响的骨组织会生成破骨细胞,导致骨吸收,正是骨的生长与吸收促进了矫形的完成。采用有限元方法准确地计算矫形过程中的应力分布和预测骨重建对于口腔正畸具有重要意义。

在漏斗胸矫形手术研究方面,通过数值模拟确定个性化手术方案,对于减少病人术后疼痛,提高矫形手术质量有重要意义,而且对于逐步将用于儿童的漏斗胸矫形手术方法更用于成人的漏斗胸矫形有重要意义。此外,对于漏斗胸与脊柱侧弯并发症的治疗也十分重要,通过研究,确定不增加脊柱侧弯的漏斗胸矫形手术方案,有助于扩大漏斗胸矫形手术的应用范围。

1.5 有限元软件的发展

随着计算机硬件的发展,大型多物理场分析软件业逐渐成熟,计算规模逐渐扩大,计算功能已经十分完善。随着大型分析软件前后处理功能的日益完善,使用大型计算软件解决问题也越来越方便。目前在结构设计中应用的大型多物理场分析软件主要有 ANSYS,MARC,ABAQUS 和 NASTRAN 等,这些软件的计算功能强大,能够解决大量的工程计算问题。国内的软件较少,国内的飞箭软件的优点在于具备有限元程序生成能力,可以按照用户算法形成有限元计算程序。

有限元软件已经从单个零件分析逐步发展到由多个构件和一定连接关系组成的结构分析。多数分析软件具备进行几何非线性、材料非线性和接触非线性分析的能力,不仅可以进行静力分析,也可以进行动力分析、流固耦合分析和多物理场分析。

有限元软件已经成为企业和研究机构进行结构分析和新产品开发的重要工具。

1.6 本书的写作目的

有限元法的应用虽已成为工程设计人员提高结构设计水平的有力工具,但是,现在的应用情况还远未达到它应有的广泛程度。造成这种情况的原因主要在两个方面:一是相当多的工程设计人员不熟悉弹性力学的基本内容;二是部分工程设计人员对有限元法的列式原理不理解或理解不深,对它还存在一种神秘感。

在1.1节已经提到,弹性力学的内容大致包含两部分,一是所研究的物理量(位移、应变、应力)应遵循的控制方程和定解条件的推导,二是推导已建立的微分方程的求解方法。第一部分的内容将在第2章给出,以适应本书读者的需要;至于微分方程的解法,本书将只以后各章讲有限元法,因为有了功能强大的有限元法,工程设计人员用到其他解法的机会将会很少,有兴趣的读者可参阅弹性力学的专著。在这里,要说明的是:弹性力学微分方程的求解路线有三种,即按位移求解、按应力求解和混合求解。用有限元法求解时,也有这三种方法,不过,用得最多的还是按位移求解,也叫位移法。在本书中只讲位移法。所谓位移法,就是要以位移分量为基本未知函数,也就是利用微分方程组中的几何方程和物理方程先消去应变分量和应力分量,把应力分量用位移分量来表达,再把它代入平衡方程,得到一组只包含位移分量的微分方程(即用位移分量表达的平衡方程)和边界条件,由这组微分方程求出位移分量后,再利用几何方程求应变分量,用物理方程求应力分量,最先得到的位移分量就是所谓的基本未知函数。

　　本书的第一个特点是：用尽量少的数学知识说明有限单元法的基本原理，目的在于化解读者学习有限单元法的难度，在工程技术人员中普及有限元的知识。此部分内容包括有限元直接节点平衡法和引进附件方程的新方法。

　　讲有限元法列式原理（即推导有限元代数方程组的方法）的专著已经不少，大多数工程设计人员对其列式原理不理解或理解不深的原因，不是因为他们不学那些专著，而是因为他们学起来会遇到困难。目前，国内外的专著讲有限元法列式原理主要有两种方法：一种是变分法，要用到变分原理；另一种是直接在微分方程基础上求函数近似解的加权余量法。具体点说，前者用的是变分法里的里茨法，后者用的是加权余量法中的伽辽金法，它们都是独立的求解微分方程的数值方法。前面已提到，本书用有限元法求解弹性力学微分方程用的是位移法，要直接求解的是一组用位移分量表达的平衡方程。用里茨法推导时，除要懂得数学上的变分法外，还要建立所解问题的泛函，然后代入用分片插值函数表达的位移分量的试探函数，再用泛函极值条件建立起用以求解节点位移的代数方程组。用伽辽金法推导时，除要懂得数学上的加权余量法外，还要针对所解问题用位移分量试探函数中的插值基函数作为权函数，给出用位移分量表达的微分方程和力边界条件的等效加权积分式，然后，一般是通过对积分式的数值积分得到用以求解节点位移的代数方程组。对于只具有工科高等数学知识的大部分工程设计人员来说，为了学习这种推导方法，再去补充那些数学知识，会有诸多困难，要学的内容里又包含着一些较深的抽象概念，更会令他们望而生畏，即使学了也往往理解不深。对有限元法列式原理不理解或理解不深，勉强用有限元法算题时，一遇问题，往往不知如何着手解决，这是我们培养工程师学习有限元法列式原理时深切感受到的现实情况。为了解决上述工程设计人员学习有限元法的困难，作者开发了一种新的推导有限元列式的方法，姑且称它为有限元直接节点平衡法。学习这种方法有工科高等数学的基础就够了，不再需要其他抽象的数学知识。

　　直接用节点平衡的方法推导有限元公式已见于早期的有限元法专著，如20世纪70年代在国内颇有影响的由华东水力学院编写的《弹性力学问题的有限单元法》，作者采用的就是这种方法，可以认为它是结构力学解超静定结构的结构矩阵分析法中的矩阵位移法在连续体中的推广。其基本思想是：把整个结构划分成若干单元，结构看做是所有单元的组合体，相邻单元之间靠单元边界处的节点连接，传递结构的内力。在进行分析时，首先要把结构拆散成单元和节点两类元件；然后进行单元分析，主要是把单元上结构的载荷和单元的边界力（结构的内力）都按照静力等效的要求，向单元所关联的节点移置，得到所谓的节点载荷和节点力；节点载荷传递着结构载荷的已知信息，而单元边界力是由单元位移插值函数经几何方程算应变、经物理方程算应力，再由边界条件公式算边界力得到的，包含有待求的节点位移分量，进而移置出的节点力也含有节点位移分量；最后用各个节点上节点力和节点载荷的平衡关系，推导出以节点位移为未知量的代数方程组。熟悉弹性力学的读者似乎应对上述的列式推演过程不难理解,不过这里要说明的是:在那些专著里,节点载荷和节点力的计算不是用直接移置的方法,而是用类似于变分原理的一个抽象的数学原理——虚功原理,仍然增加了读者理解的困难。在本书里,将采用把原始力(或力偶)乘一个移置系数直接移置的方法。移置结果和原始力作用点的位置有关,亦即移置系数应是原始力作用点坐标的函数。我们已经证明:按照静力等效要求各个节点载荷(或节点力)分量的移置系数应满足的条件与单元位移插值函数在反映单元刚体位移的要求下构造的各个节点位移分量的插值基函数(或它的导数)必满足的条件是完全相同的,所以可以对应地分别取各个节点位移分量的插值基函数(或它的导数)作为各个节点载荷(或节点力)分量的移置系数。这样做,物理概念清晰,且整个推演过程不再需要任何的附加知识,有效地缓解了读者的困难。

在用有限元法解题时,求解节点位移的代数方程组形成以后,还必须引入某些节点位移需要满足的附加条件。每个题目都需要处理的是引入结构的给定位移边界上那些节点的给定位移值或某些节点位移分量间应保持的约束关系。有的题目可能要处理接触问题:在接触以前,表面上节点的节点位移分量都是独立的未知量,一旦接触,接触点的位移就应该保持一致,这种关系需要在计算中被引入。再比如,有些复杂的结构在不同部分可能要采用不同的单元,各部分的代数方程组是独立形成的,之后就必须把各部分交界处某些节点位移分量间应保持的附件约束关系引入,以使各部分组成一个整体。总之,在用有限元法解题时,在形成方程组后,再引入某些节点位移分量的附件约束关系是不可避免的。这些关系一般都写成相关节点位移分量的线性代数方程的形式,所谓引入,就是要用这些附加代数方程去改造已形成的代数方程组。在现有的专著中,可能由于所形成的代数方程组的物理意义不明显,节点力和节点位移的概念也不突出,附件方程的引入也采用了抽象的数学方法:拉格朗日乘子法或罚函数法。再去学习这些方法,对于读者,特别是工程设计人员,仍然是不小的负担。另外,用这些方法只能把附加方程近似地引入,增加了计算结果的误差。在本书中,由于采用有限元直接节点平衡法推导有限元方程,方程组的物理意义明显,节点力和节点载荷的概念突出,很容易用代数中消元的方法直接引入附加方程,去改造已形成的方程组,也不再需要任何的附加的数学知识。并且,这样做附加方程是被严格地引入,改进了现有方法的精度。

本书的第二个特点是:突出了进行有限元计算的四个关键步骤,用比较简单的例子说明如何使用大型多物理场分析软件实施有限元计算的完整过程。

与多数介绍有限元软件使用的书籍相比,本书在介绍有限元软件的使用时,没有用大量篇幅介绍软件的菜单、建模技术和网格划分技术等内容,而是将重点放在完成一个有限元计算的完整过程上。突出了包括预处理、前处理、求解器和后处理等四个主要步骤,目的在于帮助使用有限元软件的人员用最短时间熟悉进行有限元计算的主要步骤,帮助他们快速上手。作者已经在长期的本科生和研究生教学以及工程技术人员的培训中使用此种方法,效果很好。学生及工程技术人员经 4～6 个学时培训就可以上手进行简单问题的计算。

此外作者分别采用菜单和命令流的方法精心挑选了多数读者熟悉而又十分重要的问题作为算例,包括平面问题、平面接触问题、空间接触问题、非线性的弹塑性问题和温度场计算等问题,给出了详细的求解步骤,帮助读者自学。

本书的第三个特点是:工程应用的内容均为作者多年来承担各类基金和研究工作的成果,实用性强,研究领域广泛。

工程应用内容包括机械结构强度和刚度设计、建筑结构、钢结构设计与地震响应、金属塑性成型、铸造和生物力学等。这些算例涉及弹塑性大变形和接触非线性多重非线性耦合、温度与应力多物理场耦合以及生物力学中通过 CT 图片进行结构模型三维重建等方面的内容,目的在于帮助读者开拓眼界。

综上所述可以看出,本书的主旨是要让读者比较容易地学懂弹性力学有限元法列式的原理,明白自己让计算机所解的方程的来历和意义,通过算例尽快学会使用有限元软件分析问题的完整过程,通过工程实例了解有限元方法的工程应用,开拓眼界。

作者希望读者通过学习本书能够做到在使用软件解题遇到问题时,知道如何着手去检查、解决,进而能驾驭软件。

第2章　弹性力学的基本方程和定解条件

2.1　弹性力学的基本假设

弹性体是指卸载后能够完全恢复其初始状态的物体。弹性力学则是研究载荷作用下弹性体受力状态和变形规律的一门学科。在导出弹性力学方程时,如果考虑所有各方面的因素,则方程十分复杂,很难求解。因此,必须按照所求解的实际问题,做出一些基本假设,忽略一些暂不考虑的因素。通常情况下,弹性力学作出以下 5 个基本假设。

(1)连续性假设:假设弹性体是连续的,物体的体积被组成这个物体的介质填满,而且在整个变形过程中保持连续。这样物体内的一些物理量,例如应力、应变和位移等,可用坐标的连续函数表示它们的变化规律;物体在变形过程中始终保持连续,即原来相邻的两个任意点,变形后仍为相邻点,不会出现开裂或重叠的现象。

(2)线弹性和小变形假设:假定物体为线弹性体,服从胡克定律,变形和载荷存在一一对应的线性关系;假定位移和形变是微小的,在建立物体变形后的平衡方程时,可以采用变形前的尺寸代替变形后的尺寸,而不会引起显著误差。

(3)均匀性假设:假定物体由同一材料组成,物体在不同点处的弹性性质完全相同。

(4)各向同性假设:物体内一点的力学性质在其各个方向上相同,与方向无关。这样,物体的弹性常数不会随方向而改变。

(5)无初应力假设:物体在加载前和卸载后均处于无应力的自然状态。即不考虑由制造工艺引起的残余应力和装配应力。

2.2 平衡方程与应力边界条件

2.2.1 应力的概念

在外力作用下物体发生变形,物体内部会产生相互作用力。为了描述这种相互作用力,引进了应力这个重要概念。

如图 2-1 所示处于平衡状态的物体 B,用一个假想的闭合曲面 S 把物体分成内域和外域两部分。P 是曲面 S 上的任一点,以 P 为形心在 S 上取出面积微元 ΔS,v 是 P 点沿着内域外法线方向的单位矢量,ΔF 是外域通过面元 ΔS 对内域的作用力之合力,称为内力。假设面元趋于 P 点,即 $\Delta S \to 0$ 时,比值 $\Delta F/\Delta S$ 的极限存在,则可定义:

$$\boldsymbol{\sigma}_v = \lim_{\Delta S \to 0} \frac{\Delta \boldsymbol{F}}{\Delta S} \tag{2-1}$$

为作用在 P 点处法线为 v 的面元上的应力矢量。

应力矢量$\boldsymbol{\sigma}_v$ 的大小和方向不仅与 P 点的位置有关,而且与面元法线的方向有关。为了分析该点的受力状态,在笛卡儿坐标系下,用六个平行于坐标轴的截面在 P 点邻域内取出一个正六面体微元,如图 2-2 所示。其中外法线方向与坐标轴同向的三个面元称为正面,其余三个面称为负面。把作用在正面上的应力矢量沿坐标轴分解得

$$\begin{cases} \boldsymbol{\sigma}_{(x)} = \sigma_{xx}\boldsymbol{e}_x + \sigma_{xy}\boldsymbol{e}_y + \sigma_{xz}\boldsymbol{e}_z \\ \boldsymbol{\sigma}_{(y)} = \sigma_{yx}\boldsymbol{e}_x + \sigma_{yy}\boldsymbol{e}_y + \sigma_{yz}\boldsymbol{e}_z \\ \boldsymbol{\sigma}_{(z)} = \sigma_{zx}\boldsymbol{e}_x + \sigma_{zy}\boldsymbol{e}_y + \sigma_{zz}\boldsymbol{e}_z \end{cases} \tag{2-2}$$

上式出现了 9 个应力分量,其中 σ_{xx},σ_{yy},σ_{zz} 表示垂直于面元的应力,称为正应力,简写为 σ_x,σ_y,σ_z。其余应力分量作用于面元平面内,称为剪应力,又写为 τ_{xy} 等。应力

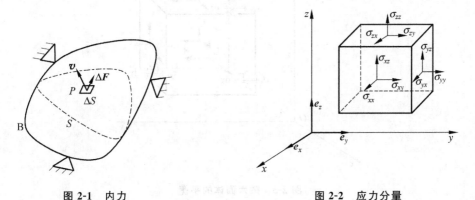

图 2-1 内力　　　　　　　　　　图 2-2 应力分量

分量的正负号规定为：在正面上与坐标轴同向为正，负面上与坐标轴反向为正，该规定与材料力学中正应力"受拉为正、受压为负"的规定一致。值得注意的是弹性力学中剪应力正负号与材料力学规定不同。9 个应力分量也可以写成矩阵形式：

$$\boldsymbol{\sigma} = \begin{bmatrix} \sigma_x & \tau_{yx} & \tau_{zx} \\ \tau_{xy} & \sigma_y & \tau_{zy} \\ \tau_{xz} & \tau_{yz} & \sigma_z \end{bmatrix} \tag{2-3}$$

2.2.2 平衡方程

在笛卡儿直角坐标系下，考虑如图 2-3 所示边长分别为 dx, dy, dz 的正六面体的平衡。$\boldsymbol{\sigma}$ 为作用在三个负面上的应力（图中未标示），体积力 $\boldsymbol{f}_i$ 作用在六面体的形心处。根据连续性假设，按照泰勒级数展开并略去高阶小量，三个正面上沿 x 方向的应力分量为 $\sigma_x + \dfrac{\partial \sigma_x}{\partial x_1} dx, \tau_{yx} + \dfrac{\partial \tau_{yx}}{\partial y} dy, \tau_{zx} + \dfrac{\partial \tau_{zx}}{\partial z} dz$。考虑 x 方向的力平衡可得

$$\left(\sigma_x + \frac{\partial \sigma_x}{\partial x} dx\right) dydz - \sigma_x dydz + \left(\tau_{yx} + \frac{\partial \tau_{yx}}{\partial y} dy\right) dxdz$$

$$- \tau_{yx} dxdz + \left(\tau_{zx} + \frac{\partial \tau_{zx}}{\partial z} dz\right) dxdy - \tau_{zx} dxdy + f_x dxdydz = 0$$

化简后除以体积 $dxdydz$ 得

$$\frac{\partial \sigma_x}{\partial x} + \frac{\partial \tau_{yx}}{\partial y} + \frac{\partial \tau_{zx}}{\partial z} + f_x = 0 \tag{2-4a}$$

同理，沿着 y, z 方向的力平衡方程为

$$\frac{\partial \tau_{xy}}{\partial x} + \frac{\partial \sigma_y}{\partial y} + \frac{\partial \tau_{zy}}{\partial z} + f_y = 0 \tag{2-4b}$$

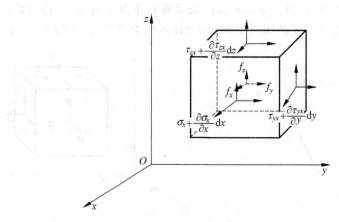

图 2-3 微六面体的平衡

$$\frac{\partial \tau_{xz}}{\partial x} + \frac{\partial \tau_{yz}}{\partial y} + \frac{\partial \sigma_z}{\partial z} + f_z = 0 \qquad (2\text{-}4c)$$

式(2-4)称为平衡方程。

考虑六面体的力矩平衡,对通过形心且沿 z 方向的轴取矩,所有通过形心或者与 z 轴平行的应力和体力分量的力矩均为零,忽略高阶小项可得力矩平衡方程为

$$\tau_{xy} = \tau_{yx}$$

同理对 x 和 y 方向的形心轴取矩得

$$\tau_{yz} = \tau_{zy}, \quad \tau_{xz} = \tau_{zx}$$

这就是剪应力互等定理,也反映了应力矩阵的对称性。

2.2.3 斜截面应力公式与应力边界条件

考虑如图 2-4 所示的微四面体 $PABC$,其 4 个面分别为:3 个负面 $\triangle PAB$、$\triangle PBC$、$\triangle PAC$ 和 1 个法向矢量为 v 的斜截面 $\triangle ABC$,其中 $v = l\boldsymbol{e}_x + m\boldsymbol{e}_y + n\boldsymbol{e}_z$,$l, m, n$ 为 v 的方向余弦。设斜截面 $\triangle ABC$ 的面积为 $\mathrm{d}S$,则三个负面面积分别为

$$\mathrm{d}S_1 = \triangle PBC = l\mathrm{d}S, \quad \mathrm{d}S_2 = \triangle PAC = m\mathrm{d}S, \quad \mathrm{d}S_3 = \triangle PAB = n\mathrm{d}S \qquad (2\text{-}5)$$

四面体的体积为

$$V = \frac{1}{3}\mathrm{d}S\mathrm{d}h \qquad (2\text{-}6)$$

其中 $\mathrm{d}h$ 为 P 点到斜截面 $\triangle ABC$ 的垂直距离。

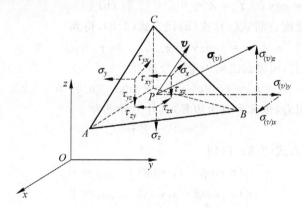

图 2-4 斜截面上的应力

四面体 x 方向的平衡方程为

$$-\sigma_x \mathrm{d}S_1 - \tau_{yx}\mathrm{d}S_2 - \tau_{zx}\mathrm{d}S_3 + \sigma_{(v)x}\mathrm{d}S + f_x\left(\frac{1}{3}\mathrm{d}S\mathrm{d}h\right) = 0$$

其中前四项分别为负面和斜面上的作用力,最后一项为体积力。上式除以 $\mathrm{d}S$ 并略去高阶小量可得

$$\sigma_{(v)x} = l\sigma_x + m\tau_{yx} + n\tau_{zx} \tag{2-7a}$$

考虑 y,z 方向的力平衡条件可得

$$\sigma_{(v)y} = l\tau_{xy} + m\sigma_y + n\tau_{zy} \tag{2-7b}$$

$$\sigma_{(v)z} = l\tau_{xz} + m\tau_{yz} + n\sigma_z \tag{2-7c}$$

式(2-7)为著名的柯西公式,又称为斜截面应力公式。

若斜面是物体的边界面,且给定面力,则 $\sigma_{(v)x},\sigma_{(v)y},\sigma_{(v)z}$ 就是面力沿着坐标轴方向的分量,通常记为 $\overline{X},\overline{Y},\overline{Z}$。柯西公式即为确定未知应力场的应力边界条件:

$$\begin{cases} l\sigma_x + m\tau_{yx} + n\tau_{zx} = \overline{X} \\ l\tau_{xy} + m\sigma_y + n\tau_{zy} = \overline{Y} \\ l\tau_{xz} + m\tau_{yz} + n\sigma_z = \overline{Z} \end{cases} \tag{2-8}$$

下面用一个例子来具体说明如何运用柯西公式确定应力的边界条件。

如图 2-5 所示横截面为三角形的水坝,承受来自右侧的密度为 ρ 的液体压力。求应力场应满足的边界条件。

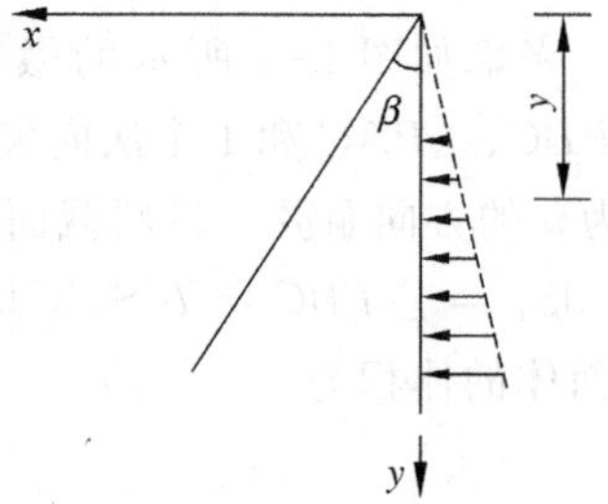

在垂直边界 $x=0$ 上,边界面法向矢量的分量为

$$l_1 = -1, \quad m_1 = n_1 = 0 \tag{a}$$

边界作用力为静水压力,其分量为

$$\overline{X} = \rho g y, \quad \overline{Y} = \overline{Z} = 0 \tag{b}$$

图 2-5　三角形截面水坝

其中 g 为重力加速度。将式(a),式(b)代入式(2-8),得到

$$\sigma_x \mid_{x=0} = -\rho g y, \quad \tau_{xy} \mid_{x=0} = \tau_{xz} \mid_{x=0} = 0 \tag{2-9}$$

在斜面 $x = y\tan\beta$ 上,边界面法向矢量的分量为

$$l_2 = \cos\beta, \quad m_2 = -\sin\beta, \quad n_2 = 0 \tag{c}$$

斜面上无边界作用力,也称为自由边界,其外力分量为

$$\overline{X} = \overline{Y} = \overline{Z} = 0. \tag{d}$$

将式(c),式(d)代入式(2-8),得到

$$\begin{cases} (\sigma_x \cos\beta - \tau_{yx}\sin\beta) \mid_{x=y\tan\beta} = 0 \\ (\tau_{xy}\cos\beta - \sigma_y\sin\beta) \mid_{x=y\tan\beta} = 0 \\ (\tau_{xz}\cos\beta - \tau_{yz}\sin\beta) \mid_{x=y\tan\beta} = 0 \end{cases} \tag{2-10}$$

式(2-9)和式(2-10)即为应力场应满足的应力边界条件。

2.3　几何方程

在载荷作用下,物体内各质点将产生位移。如图 2-6 所示,过弹性体内的任一点 P,取一对互相垂直的线元 PA,PB。弹性体受力以后,P,A,B 三点分别移动到 P',

A', B'。设 P 点坐标为 (x_0, y_0), PA 长为 $\mathrm{d}x$, PB 长为 $\mathrm{d}y$。在变形前, A 点坐标为 $(x_0 + \mathrm{d}x, y_0)$, B 点坐标为 $(x_0, y_0 + \mathrm{d}y)$。变形后, P 点在 x 轴方向上的位移为 u, 在 y 轴方向上的位移为 v。根据连续性假设, 按照泰勒级数展开并略去高阶小量, 得到 A 点在 x 轴方向上的位移为 $u + \dfrac{\partial u}{\partial x}\mathrm{d}x$, 在 y 轴方向上的位移为 $v + \dfrac{\partial v}{\partial x}\mathrm{d}x$。同理, B 点在 x 轴方向上的位移为 $u + \dfrac{\partial u}{\partial y}\mathrm{d}y$, 在 y 轴方向上的位移为 $v + \dfrac{\partial v}{\partial y}\mathrm{d}y$。变形后 P' 点的坐标为 $(x_0 + u, y_0 + v)$, A' 点的坐标为 $\left(x_0 + u + \dfrac{\partial u}{\partial x}\mathrm{d}x + \mathrm{d}x, y_0 + v + \dfrac{\partial v}{\partial x}\mathrm{d}x\right)$, B' 点的坐标为 $\left(x_0 + u + \dfrac{\partial u}{\partial y}\mathrm{d}y, y_0 + v + \dfrac{\partial v}{\partial y}\mathrm{d}y + \mathrm{d}y\right)$。

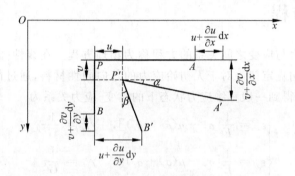

图 2-6　位移与应变

定义线应变为线元伸长量与线元长度之比, 则线元 PA 的线应变为

$$\varepsilon_x = \frac{\Delta PA}{PA} = \frac{P'A' - PA}{PA} \approx \frac{x_0 + u + \dfrac{\partial u}{\partial x}\mathrm{d}x + \mathrm{d}x - (u + x_0) - \mathrm{d}x}{\mathrm{d}x} = \frac{\partial u}{\partial x}$$

同理得到线元 PB 的线应变为

$$\varepsilon_y = \frac{\Delta PB}{PB} \approx \frac{y_0 + v + \dfrac{\partial v}{\partial y}\mathrm{d}y + \mathrm{d}y - (v + y_0) - \mathrm{d}y}{\mathrm{d}y} = \frac{\partial v}{\partial y}$$

线元 PA 的转角为

$$\alpha \approx \frac{y_0 + v + \dfrac{\partial v}{\partial x}\mathrm{d}x - (y_0 + v)}{\mathrm{d}x} = \frac{\partial v}{\partial x}$$

线元 PB 的转角为

$$\beta \approx \frac{u + x_0 + \dfrac{\partial u}{\partial y}\mathrm{d}y - (x_0 + u)}{\mathrm{d}y} = \frac{\partial u}{\partial y}$$

定义剪应变为两垂直线元之间夹角的改变, 则线元 PA 与线元 PB 的剪应变为

$$\gamma_{xy} = \alpha + \beta \approx \frac{\partial v}{\partial x} + \frac{\partial u}{\partial y}$$

推广到三维的情况,得到应变的一般表达式为

$$\begin{cases} \varepsilon_x = \dfrac{\partial u}{\partial x}, & \gamma_{xy} = \gamma_{yx} = \dfrac{\partial u}{\partial y} + \dfrac{\partial v}{\partial x} \\[2mm] \varepsilon_y = \dfrac{\partial u}{\partial y}, & \gamma_{yz} = \gamma_{zy} = \dfrac{\partial v}{\partial z} + \dfrac{\partial w}{\partial y} \\[2mm] \varepsilon_z = \dfrac{\partial w}{\partial z}, & \gamma_{xz} = \gamma_{zx} = \dfrac{\partial u}{\partial z} + \dfrac{\partial w}{\partial x} \end{cases} \tag{2-11}$$

式(2-11)称为应变-位移公式或几何方程。

2.4 物理方程

描述物体应力与应变之间关系的方程称为物理方程。在线性弹性假设下,物理方程应满足广义胡克定律。对于无初始应力的各向同性材料,通过简单拉伸试验与纯剪切试验,可以得到一般三维应力状态下的应变-应力关系为

$$\begin{cases} \varepsilon_x = \dfrac{1}{E}[\sigma_x - \mu(\sigma_y + \sigma_z)], & \gamma_{xy} = \dfrac{1}{G}\tau_{xy} \\[2mm] \varepsilon_y = \dfrac{1}{E}[\sigma_y - \mu(\sigma_x + \sigma_z)], & \gamma_{yz} = \dfrac{1}{G}\tau_{yz} \\[2mm] \varepsilon_z = \dfrac{1}{E}[\sigma_z - \mu(\sigma_x + \sigma_y)], & \gamma_{zx} = \dfrac{1}{G}\tau_{zx} \end{cases} \tag{2-12}$$

上式中 E 为材料的杨氏模量,μ 为材料的泊松比,G 为材料的剪切模量。杨氏模量、泊松比和剪切模量 3 个材料常数中只有 2 个是独立的,它们之间的相互关系为

$$G = \frac{E}{2(1+\mu)} \tag{2-13}$$

反解式(2-12),可得应力-应变关系式:

$$\begin{cases} \sigma_x = \dfrac{E(1-\mu)}{(1+\mu)(1-2\mu)}\left(\varepsilon_x + \dfrac{\mu}{1-\mu}\varepsilon_y + \dfrac{\mu}{1-\mu}\varepsilon_z\right), & \tau_{xy} = G\gamma_{xy} \\[3mm] \sigma_y = \dfrac{E(1-\mu)}{(1+\mu)(1-2\mu)}\left(\dfrac{\mu}{1-\mu}\varepsilon_x + \varepsilon_y + \dfrac{\mu}{1-\mu}\varepsilon_z\right), & \tau_{yz} = G\gamma_{yz} \\[3mm] \sigma_z = \dfrac{E(1-\mu)}{(1+\mu)(1-2\mu)}\left(\dfrac{\mu}{1-\mu}\varepsilon_x + \dfrac{\mu}{1-\mu}\varepsilon_y + \varepsilon_z\right), & \tau_{zx} = G\gamma_{zx} \end{cases} \tag{2-14}$$

物理方程(2-14)可以用矩阵方程表示为

$$\boldsymbol{\sigma} = \boldsymbol{D}\boldsymbol{\varepsilon} \tag{2-15}$$

其中

$$\boldsymbol{\sigma} = \begin{bmatrix} \sigma_x & \sigma_y & \sigma_z & \tau_{xy} & \tau_{yz} & \tau_{zx} \end{bmatrix}^{\mathrm{T}}, \quad \boldsymbol{\varepsilon} = \begin{bmatrix} \varepsilon_x & \varepsilon_y & \varepsilon_z & \gamma_{xy} & \gamma_{yz} & \gamma_{zx} \end{bmatrix}^{\mathrm{T}} \tag{2-16}$$

分别为应力列阵和应变列阵。

$$D = \frac{E(1-\mu)}{(1+\mu)(1-2\mu)} \begin{bmatrix} 1 & \dfrac{\mu}{1-\mu} & \dfrac{\mu}{1-\mu} & 0 & 0 & 0 \\ \dfrac{\mu}{1-\mu} & 1 & \dfrac{\mu}{1-\mu} & 0 & 0 & 0 \\ \dfrac{\mu}{1-\mu} & \dfrac{\mu}{1-\mu} & 1 & 0 & 0 & 0 \\ 0 & 0 & 0 & \dfrac{1-2\mu}{2(1-\mu)} & 0 & 0 \\ 0 & 0 & 0 & 0 & \dfrac{1-2\mu}{2(1-\mu)} & 0 \\ 0 & 0 & 0 & 0 & 0 & \dfrac{1-2\mu}{2(1-\mu)} \end{bmatrix} \tag{2-17}$$

则称为弹性矩阵,因为它完全决定于弹性常数 E 和 μ。

2.5　三维问题的基本方程与定解条件

　　如前所述,弹性力学的基本物理量包括位移、应变和应力。描述位移和应变关系的方程称为几何方程,描述应力之间关系的方程称为平衡方程,描述应力和应变关系的方程称为物理方程。对于一般三维空间问题,总共有 15 个独立的未知量,分别为:3 个位移 u,v,w,6 个应变 $\varepsilon_x,\varepsilon_y,\varepsilon_z,\gamma_{xy},\gamma_{yz},\gamma_{zx}$ 和 6 个应力 $\sigma_x,\sigma_y,\sigma_z,\tau_{xy},\tau_{yz},\tau_{zx}$。这 15 个未知量应满足 15 个基本方程,分别为:3 个平衡方程式(2-4),6 个几何方程式(2-11),6 个物理方程式(2-12)或式(2-14)。

　　由于式(2-4)与式(2-11)为偏微分方程组,必须给定适当的边界条件,才能由 15 个基本方程求出 15 个独立未知量。这些边界条件也称为定解条件。弹性力学中有以下几种常见的边界情况。

　　(1) 给定力的边界条件,也叫做力边界条件,记为 S_σ,此时用上文所述的柯西公式(2-8)确定边界应力应满足的关系。

　　(2) 给定位移的边界条件,也叫做位移边界条件,记为 S_u,此时位移在边界上的值等于给定值:

$$u = \bar{u}, \quad v = \bar{v}, \quad w = \bar{w} \tag{2-18}$$

假设边界上无位移,则相应的位移边界条件为

$$u = v = w = 0$$

在静力问题中,给定的位移边界条件必须可以消除物体的刚体位移。

（3）一般约束条件，在边界上位移和力满足给定的函数关系：

$$f(u, v, w, \overline{\boldsymbol{X}}, \overline{\boldsymbol{Y}}, \overline{\boldsymbol{Z}}) = 0$$

在比较特殊的情况下，给定边界力是边界位移的线性函数，这种边界称为弹性边界。

除了边界条件外，对于弹性动力学问题，还应该给出初始条件，即 $t=0$ 时物体的状态与初速度。

2.6　平面问题的基本方程与定解条件

许多工程构件是等截面柱形体，在面内载荷作用下往往可以简化为二维的平面问题来处理，这样可以使方程组得到很大简化，同时也满足工程计算对结果的精度要求。下面讨论平面问题中的方程和简化条件。

平面问题可分为平面应变和平面应力两大类，基本假设为

$$
\begin{array}{ll}
\text{平面应变} & \text{平面应力} \\
\varepsilon_x = \varepsilon_x(x, y) & \sigma_x = \sigma_x(x, y) \\
\varepsilon_y = \varepsilon_y(x, y) & \sigma_y = \sigma_y(x, y) \\
\gamma_{xy} = \gamma_{xy}(x, y) & \tau_{xy} = \tau_{xy}(x, y) \\
\varepsilon_z = \gamma_{xz} = \gamma_{yz} = 0 & \sigma_z = \tau_{xz} = \tau_{yz} = 0
\end{array}
\tag{2-19}
$$

亦即平面应变状态中不为零的应变分量只有面内应变 $\varepsilon_x, \varepsilon_y, \gamma_{xy}$，而平面应力状态中不为零的应力分量只有面内应力 $\sigma_x, \sigma_y, \tau_{xy}$，且它们均与坐标 z 无关。

平面问题可以看作一般三维问题的特例，其未知量必须满足一般三维问题的基本方程。将上述假设代入式（2-4），式（2-11），式（2-12）和式（2-14）可得到平面问题的基本方程。

1. 物理方程

平面应变　　　　　　　　　　　　　　平面应力

应力-应变的关系

$$\sigma_x = \frac{2G(1-\mu)}{1-2\mu}\left(\varepsilon_x + \frac{\mu}{1-\mu}\varepsilon_y\right) \quad \sigma_x = \frac{E}{1-\mu^2}(\varepsilon_x + \mu\varepsilon_y) = \frac{2G}{1-\mu}(\varepsilon_x + \mu\varepsilon_y)$$

$$\sigma_y = \frac{2G(1-\mu)}{1-2\mu}\left(\varepsilon_y + \frac{\mu}{1-\mu}\varepsilon_x\right) \quad \sigma_y = \frac{E}{1-\mu^2}(\varepsilon_y + \mu\varepsilon_x) = \frac{2G}{1-\mu}(\varepsilon_y + \mu\varepsilon_x)$$

$$\tau_{xy} = G\gamma_{xy} \qquad\qquad\qquad\qquad \tau_{xy} = G\gamma_{xy}$$

$$\sigma_z = \mu(\sigma_x + \sigma_y) \qquad\qquad\qquad \sigma_z = 0$$

$$\tau_{zx} = \tau_{zy} = 0 \qquad\qquad\qquad\quad \tau_{zx} = \tau_{zy} = 0$$

$$\tag{2-20}$$

应变-应力的关系

$$\varepsilon_x = \frac{1-\mu^2}{E}\left(\sigma_x - \frac{\mu}{1-\mu}\sigma_y\right) \qquad \varepsilon_x = \frac{1}{E}(\sigma_x - \mu\sigma_y)$$

$$\varepsilon_y = \frac{1-\mu^2}{E}\left(\sigma_y - \frac{\mu}{1-\mu}\sigma_x\right) \qquad \varepsilon_y = \frac{1}{E}(\sigma_y - \mu\sigma_x)$$

$$\gamma_{xy} = 2\varepsilon_{xy} = \frac{1}{G}\tau_{xy} \qquad\qquad \gamma_{xy} = 2\varepsilon_{xy} = \frac{1}{G}\tau_{xy} \qquad\qquad (2\text{-}21)$$

$$\varepsilon_z = 0 \qquad\qquad\qquad \varepsilon_z = -\frac{\mu}{E}(\sigma_x + \sigma_y) = -\frac{\mu}{1-\mu}(\varepsilon_x + \varepsilon_y)$$

$$\gamma_{zx} = \gamma_{zy} = 0 \qquad\qquad \gamma_{zx} = \gamma_{zy} = 0$$

从式(2-20)、式(2-21)可以看出,在平面应力问题中 $\varepsilon_z \neq 0$,平面应变问题中 $\sigma_z \neq 0$,这是两类平面问题的重要区别。但是 σ_z 和 ε_z 并不是独立的,所以求解时都只考虑面内的三个应力和应变分量。把平面问题的三个面内的应力-应变关系合在一起,写成矩阵的形式为

$$\boldsymbol{\sigma} = \boldsymbol{D}\boldsymbol{\varepsilon} \qquad\qquad (2\text{-}22)$$

其中

$$\boldsymbol{\sigma} = \begin{bmatrix} \sigma_x & \sigma_y & \tau_{xy} \end{bmatrix}^{\mathrm{T}}, \qquad \boldsymbol{\varepsilon} = \begin{bmatrix} \varepsilon_x & \varepsilon_y & \gamma_{xy} \end{bmatrix}^{\mathrm{T}} \qquad (2\text{-}23)$$

平面应变问题的弹性矩阵为

$$\boldsymbol{D} = \frac{E(1-\mu)}{(1+\mu)(1-2\mu)} \begin{bmatrix} 1 & \dfrac{\mu}{1-\mu} & 0 \\[2mm] \dfrac{\mu}{1-\mu} & 1 & 0 \\[2mm] 0 & 0 & \dfrac{1-2\mu}{2(1-\mu)} \end{bmatrix} \qquad (2\text{-}24)$$

平面应力问题的弹性矩阵为

$$\boldsymbol{D} = \frac{E}{1-\mu^2} \begin{bmatrix} 1 & \mu & 0 \\ \mu & 1 & 0 \\ 0 & 0 & \dfrac{1-\mu}{2} \end{bmatrix} \qquad (2\text{-}25)$$

如果将平面应力问题的弹性矩阵式(2-25)中的弹性常数 E,G,μ 改为

$$\begin{cases} E^* = \dfrac{E}{1-\mu^2} \\[2mm] \mu^* = \dfrac{\mu}{1-\mu} \end{cases}, \quad \text{即} \quad \begin{cases} G^* = G \\[2mm] \mu^* = \dfrac{\mu}{1-\mu} \end{cases} \qquad (2\text{-}26)$$

则化为平面应变问题的弹性矩阵(2-24)。反之,如将平面应变问题的弹性矩阵(2-24)式中的 E,G,μ 改为

$$\begin{cases} E' = \dfrac{E(1+2\mu)}{(1+\mu)^2} \\[2mm] \mu' = \dfrac{\mu}{1+\mu} \end{cases}, \quad \text{即} \quad \begin{cases} G' = G \\[2mm] \mu' = \dfrac{\mu}{1+\mu} \end{cases} \qquad (2\text{-}27)$$

则化为平面应力问题的弹性矩阵(2-25)。因此,只需对材料常数作适当变换,两类平面问题可以统一求解。

2. 平衡方程

由于 $\tau_{zx}=\tau_{zy}=0$,且 σ_z 与 z 无关,两类平面问题的平衡方程都可化为

$$\begin{cases} \dfrac{\partial \sigma_x}{\partial x}+\dfrac{\partial \tau_{yx}}{\partial y}+f_x=0 \\[2mm] \dfrac{\partial \tau_{xy}}{\partial x}+\dfrac{\partial \sigma_y}{\partial xy}+f_y=0 \end{cases} \tag{2-28}$$

另一个平衡方程当 $f_z=0$ 时自动满足。由于面内的应力分量是与 z 无关的,要使上式成立,f_x,f_y 也必须与 z 无关,即只有当体力是与 z 无关的面内载荷时,才可以简化为平面问题。

3. 几何方程

由于 $\gamma_{zx}=\gamma_{zy}=0$,两类平面问题都只考虑平面内的几何方程

$$\begin{cases} \varepsilon_x=\dfrac{\partial u}{\partial x} \\[2mm] \varepsilon_y=\dfrac{\partial v}{\partial y} \\[2mm] \gamma_{xy}=2\varepsilon_{xy}=\dfrac{\partial u}{\partial y}+\dfrac{\partial v}{\partial x} \end{cases} \tag{2-29}$$

式(2-22),式(2-28)和式(2-29)为平面问题包含 8 个独立未知量的 8 个基本方程,在适当的边界条件下可以求解。

4. 边界条件

对于等截面柱形体,其边界条件包括侧面边界条件和端面边界条件。侧面上,由于 $\tau_{xz}=\tau_{yz}=0$ 且 $\cos(\nu,z)=0$,两类平面问题的侧向力边界条件为

$$\begin{cases} \sigma_x\cos(\boldsymbol{v},x)+\tau_{xy}\cos(\boldsymbol{v},y)=\overline{X} \\[2mm] \tau_{xy}\cos(\boldsymbol{v},x)+\sigma_y\cos(\boldsymbol{v},y)=\overline{Y} \end{cases} \tag{2-30}$$

上式意味着侧面外载荷必须是与 z 轴无关的面内载荷,才能简化为平面问题。另一侧面边界条件当 $\overline{Z}=0$ 时自动满足。

两类平面问题的端面力边界条件分别为

$$\begin{array}{ll} \text{平面应变} & \text{平面应力} \\ \overline{X}=\tau_{zx}=0 & \overline{X}=\tau_{zx}=0 \\ \overline{Y}=\tau_{zy}=0 & \overline{Y}=\tau_{zy}=0 \\ \overline{Z}=\sigma_z=\mu(\sigma_x+\sigma_y) & \overline{Z}=\sigma_z=0 \end{array} \tag{2-31}$$

这意味着为了保持平面应变状态,两端必须存在类似式(2-31)左式的端面载荷$\bar{Z}$或存在轴向刚性、面内光滑的端面约束。若在端面不按式(2-31)左式分布但和它静力等效,则平面应变状态存在于圣维南过渡区之外。若连静力等效也不能保证,则按广义平面应变状态来处理。

平面问题的位移边界条件与一般三维问题相同,仍可用式(2-18)表示。

一般情况下,压力管道、图2-5所示的水坝等可以按平面应变问题处理。这类弹性体是具有很长的纵向轴的柱形物体,横截面大小和形状沿轴线长度不变;作用外力与纵向轴垂直并且沿长度不变;柱体两端受固定约束。

如图2-7所示的深梁一般可以按平面应力问题处理。这类弹性体其厚度远远小于结构另外两个方向的尺度。其中面为平面,其所受外力包括体力均平行于中面面内,并沿厚度方向不变,在两个端表面不受外力作用。

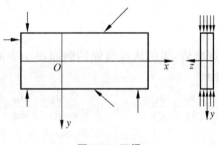

图 2-7 深梁

2.7 薄板弯曲问题的基本方程与定解条件

2.7.1 薄板弯曲问题的基本假设

薄板是工程结构中广泛应用的构件,它是高度远小于底面尺寸的棱柱(图2-8)。棱柱的高度t即为薄板的厚度。一般薄板为等厚度板,此时t为常量。平分厚度的平面称为中面。

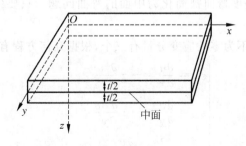

图 2-8 薄板

薄板弯曲问题一般是指薄板在垂直于中面的载荷作用下的受力变形问题。薄板弯曲问题的精确解应该满足弹性力学的全部基本方程与边界条件,但这在实际应用中往往有很大的困难。在保证有足够精度的情况下,引用某些假设可使问题得到大大的简化。薄板的小挠度弯曲理论中,普遍采用以下三个计算假定:

(1) 变形前垂直于中面的任一直线线段,变形后仍为直线,并垂直于变形后的中面(称为弹性曲面),且长度不变。这就是直法线假设。

(2) 垂直于板中面方向的应力分量 σ_z,τ_{xz} 和 τ_{yz} 较小,它们引起的形变可以略去不计,但它们本身却是维持平衡所必需的,不能不计。

(3) 薄板中面在平面内的位移为零:$u|_{z=0}=0$,$v|_{z=0}=0$,板的挠度 $w=w(x,y)$,与 z 无关。

下面根据以上假设推导薄板弯曲的基本关系式和弹性曲面方程。

2.7.2 几何方程

根据假设(1),薄板弯曲后,板的法线与弹性曲面在 x 方向和 y 方向的切线保持相互垂直,没有剪应变,即

$$\gamma_{yz}=\frac{\partial v}{\partial z}+\frac{\partial w}{\partial y}=0, \quad \gamma_{zx}=\frac{\partial w}{\partial x}+\frac{\partial u}{\partial z}=0$$

由上式可知:

$$\frac{\partial v}{\partial z}=-\frac{\partial w}{\partial y}, \quad \frac{\partial u}{\partial z}=-\frac{\partial w}{\partial x} \tag{2-32}$$

式(2-32)对 z 积分,并注意到 w 和 z 无关,得到

$$v=-z\frac{\partial w}{\partial y}+f_1(x,y), \quad u=-z\frac{\partial w}{\partial x}+f_2(x,y)$$

根据 2.7.1 节假设(3),薄板中面内各点都没有平行于中面的位移,于是可以得到 $f_1(x,y)=f_2(x,y)=0$,从而有

$$v=-z\frac{\partial w}{\partial y}, \quad u=-z\frac{\partial w}{\partial x} \tag{2-33}$$

由上式可见,薄板小挠度弯曲被简化为中面的弯曲问题。只要中面挠度 w 确定,任何点的位移都可确定。

由假设知薄板内不为零的应变分量有三个,根据几何方程有

$$\begin{cases} \varepsilon_x=\dfrac{\partial u}{\partial x}=-z\dfrac{\partial^2 w}{\partial x^2} \\[2mm] \varepsilon_y=\dfrac{\partial v}{\partial y}=-z\dfrac{\partial^2 w}{\partial y^2} \\[2mm] \gamma_{xy}=\dfrac{\partial u}{\partial y}+\dfrac{\partial v}{\partial x}=-2z\dfrac{\partial^2 w}{\partial x\partial y} \end{cases} \tag{2-34}$$

其中 $-\dfrac{\partial^2 w}{\partial x^2}$、$-\dfrac{\partial^2 w}{\partial y^2}$ 分别表示了薄板弹性曲面在 x 方向和 y 方向的曲率，$-\dfrac{\partial^2 w}{\partial x \partial y}$ 表示薄板弹性曲面在 x 和 y 向的扭率。这三者完全确定了薄板内所有各点的形变分量，故它们总体称为薄板的形变。用矩阵表示为

$$\boldsymbol{\chi} = \begin{bmatrix} \chi_x \\ \chi_y \\ \chi_{xy} \end{bmatrix} = \begin{bmatrix} -\dfrac{\partial^2 w}{\partial x^2} \\[2mm] -\dfrac{\partial^2 w}{\partial y^2} \\[2mm] -2\dfrac{\partial^2 w}{\partial x \partial y} \end{bmatrix} \tag{2-35}$$

式(2-35)即为薄板弯曲问题的几何方程，它给出了薄板形变(也称为薄板广义应变)与薄板挠度的关系。薄板内各点的应变 $\boldsymbol{\varepsilon}$ 可以用薄板的形变表示为

$$\boldsymbol{\varepsilon} = z\boldsymbol{\chi} \tag{2-36}$$

2.7.3 物理方程

由 2.7.1 节假设(2)，在物理关系中不考虑次要应力 $\sigma_z, \tau_{zx}, \tau_{zy}$，那么薄板弯曲问题的物理方程与平面应力问题的完全相同，亦即

$$\begin{cases} \sigma_x = \dfrac{E}{1-\nu^2}(\varepsilon_x + \nu \varepsilon_y) = -\dfrac{E}{1-\nu^2}z\left(\dfrac{\partial^2 w}{\partial x^2} + \nu \dfrac{\partial^2 w}{\partial y^2}\right) \\[3mm] \sigma_y = \dfrac{E}{1-\nu^2}(\varepsilon_y + \nu \varepsilon_x) = -\dfrac{E}{1-\nu^2}z\left(\dfrac{\partial^2 w}{\partial y^2} + \nu \dfrac{\partial^2 w}{\partial x^2}\right) \\[3mm] \tau_{xy} = \dfrac{E}{2(1+\mu)}\gamma_{xy} = -\dfrac{E}{1+\nu}z\dfrac{\partial^2 w}{\partial x \partial y} \end{cases} \tag{2-37}$$

虽然剪应力 τ_{xz}, τ_{yz} 是次要应力，但是在建立平衡方程时是必须考虑的，且可根据平衡方程来确定。不考虑体积力的面内平衡方程为

$$\begin{cases} \dfrac{\partial \sigma_x}{\partial x} + \dfrac{\partial \tau_{xy}}{\partial y} + \dfrac{\partial \tau_{xz}}{\partial z} = 0 \\[3mm] \dfrac{\partial \tau_{xy}}{\partial x} + \dfrac{\partial \sigma_y}{\partial y} + \dfrac{\partial \tau_{yz}}{\partial z} = 0 \end{cases} \tag{2-38}$$

将式(2-37)代入上式得

$$\begin{cases} \dfrac{\partial \tau_{xz}}{\partial z} = \dfrac{Ez}{1-\nu^2}\left(\dfrac{\partial^3 w}{\partial x^3} + \dfrac{\partial^3 w}{\partial x \partial y^2}\right) = \dfrac{Ez}{1-\nu^2}\dfrac{\partial}{\partial x}(\nabla^2 w) \\[3mm] \dfrac{\partial \tau_{yz}}{\partial z} = \dfrac{Ez}{1-\nu^2}\left(\dfrac{\partial^3 w}{\partial y^3} + \dfrac{\partial^3 w}{\partial y \partial x^2}\right) = \dfrac{Ez}{1-\nu^2}\dfrac{\partial}{\partial y}(\nabla^2 w) \end{cases}$$

上式中 $\nabla^2 w = \dfrac{\partial^2 w}{\partial x^2} + \dfrac{\partial^2 w}{\partial y^2}$，$w$ 不随 z 改变。对 z 积分，并考虑以下边界条件：

$$\tau_{xz}\mid_{z=\pm\frac{t}{2}} = 0, \quad \tau_{yz}\mid_{z=\pm\frac{t}{2}} = 0$$

可得

$$\begin{cases} \tau_{xz} = -\dfrac{6D}{t^3}\dfrac{\partial}{\partial x}(\nabla^2 w)\left(\dfrac{t^2}{4}-z^2\right) \\[3mm] \tau_{yz} = -\dfrac{6D}{t^3}\dfrac{\partial}{\partial y}(\nabla^2 w)\left(\dfrac{t^2}{4}-z^2\right) \end{cases} \tag{2-39}$$

其中,D 称为板的抗弯刚度,其表达式为

$$D = \frac{Et^3}{12(1-\nu^2)} \tag{2-40}$$

下面来考查这些应力分量和薄板内力的关系。从薄板中取出一个微小六面体,它在 x 和 y 方向的宽度都是 1。图 2-9 所示为薄板的内力。

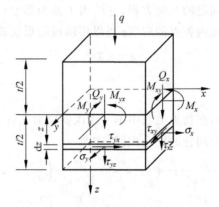

图 2-9　薄板的内力

在 x 为常数的横截面上

$$M_x = \int_{-t/2}^{t/2} \sigma_x z\, \mathrm{d}z, \quad M_{xy} = \int_{-t/2}^{t/2} \tau_{xy} z\, \mathrm{d}z, \quad Q_x = \int_{-t/2}^{t/2} \tau_{xz}\, \mathrm{d}z \tag{2-41}$$

在 y 为常数的横截面上

$$M_y = \int_{-t/2}^{t/2} \sigma_y z\, \mathrm{d}z, \quad M_{yx} = \int_{-t/2}^{t/2} \tau_{yx} z\, \mathrm{d}z, \quad Q_y = \int_{-t/2}^{t/2} \tau_{yz}\, \mathrm{d}z \tag{2-42}$$

将式(2-37)和式(2-39)代入式(2-41)和式(2-42)得到

$$\begin{cases} M_x = -D\left(\dfrac{\partial^2 w}{\partial x^2}+\nu\dfrac{\partial^2 w}{\partial y^2}\right), \quad M_y = -D\left(\dfrac{\partial^2 w}{\partial y^2}+\nu\dfrac{\partial^2 w}{\partial x^2}\right) \\[3mm] M_{xy} = M_{yx} = -D(1-\nu)\dfrac{\partial^2 w}{\partial x\partial y} \\[3mm] Q_x = -D\dfrac{\partial}{\partial x}\left(\dfrac{\partial^2 w}{\partial x^2}+\dfrac{\partial^2 w}{\partial y^2}\right), \quad Q_y = -D\dfrac{\partial}{\partial y}\left(\dfrac{\partial^2 w}{\partial x^2}+\dfrac{\partial^2 w}{\partial y^2}\right) \end{cases} \tag{2-43}$$

引入记号 $\boldsymbol{M}$ 表示薄板的内力

$$M = \begin{bmatrix} M_x \\ M_y \\ M_{xy} \end{bmatrix} \tag{2-44}$$

把式(2-43)的前三式用矩阵表示得到

$$M = D\chi \tag{2-45}$$

其中 D 是薄板弯曲问题中的弹性矩阵

$$D = \frac{Et^3}{12(1-\mu^2)} \begin{bmatrix} 1 & \mu & 0 \\ \mu & 1 & 0 \\ 0 & 0 & \dfrac{1-\mu}{2} \end{bmatrix} \tag{2-46}$$

式(2-45)即为薄板弯曲问题的物理方程,它给出了薄板内力(也称为薄板广义应力)与薄板形变(也称为薄板广义应变)的关系。

2.7.4 平衡方程

根据内力与载荷的平衡方程可以导出薄板的弹性曲面微分方程。如图 2-10 所示,取边长为 dx 和 dy、高为 t 的矩形微分薄板单元,其四边上的内力(单位长度上的内力)如图所示,上面作用横向分布载荷 q。

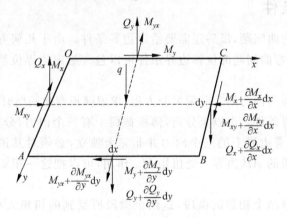

图 2-10　薄板的平衡

显然,对于图 2-10 所示的空间一般力系,有三个平衡方程 $\sum X = 0$,$\sum Y = 0$,$\sum M_z = 0$ 自动满足。其余还有三个平衡方程,由 $\sum Z = 0$ 得

$$\frac{\partial Q_x}{\partial x} + \frac{\partial Q_y}{\partial y} + q = 0 \tag{2-47}$$

由 $\sum M_x = 0$,$\sum M_y = 0$ 得

$$\begin{cases} Q_x = \dfrac{\partial M_x}{\partial x} + \dfrac{\partial M_{yx}}{\partial y} \\[3mm] Q_y = \dfrac{\partial M_{xy}}{\partial x} + \dfrac{\partial M_y}{\partial y} \end{cases} \tag{2-48}$$

把式(2-48)代入式(2-47)得到

$$\frac{\partial^2 M_x}{\partial x^2} + 2\frac{\partial^2 M_{xy}}{\partial x \partial y} + \frac{\partial^2 M_y}{\partial y^2} + q = 0 \tag{2-49}$$

式(2-49)即为内力应满足的平衡微分方程。

至此,我们得到了薄板弯曲问题的 7 个基本方程,分别为:1 个平衡方程式(2-49),3 个几何方程式(2-35),3 个物理方程式(2-45)。这些方程共有 7 个独立的未知量,分别为:1 个中面位移 w,3 个形变(广义应变)分量 χ_x, χ_y, χ_{xy} 和 3 个内力(广义应力)分量 M_x, M_y, M_{xy}。在适当的边界条件下求解 7 个基本方程即可得到 7 个独立未知量。代入式(2-33),式(2-34)及式(2-37)即可求得板内任一点的位移、应变和应力。

将式(2-43)中 M_x, M_{xy}, M_y 的位移表达式代入式(2-49)得到

$$\frac{\partial^4 w}{\partial x^4} + 2\frac{\partial^4 w}{\partial x^2 \partial y^2} + \frac{\partial^4 w}{\partial y^4} = \frac{q}{D} \tag{2-50}$$

方程(2-50)称为薄板的弹性曲面微分方程或挠曲微分方程。

2.7.5 定解条件

要求解薄板弯曲问题,最后还需要给定边界条件。由于几何方程中包含挠度的二阶导数项,薄板弯曲问题的位移边界条件可以包含给定边界位移及给定边界处转角两种情况。

由于平衡方程为内力的二阶偏微分方程,求解薄板弯曲问题时,每个边最多只能给定两个内力边界条件。由以上分析,薄板截面上有三个内力,分别为弯矩、扭矩与横向剪力,这意味着边界上的三个内力并非完全独立,必须对其进行合并处理。如图 2-11 所示,薄板的 AB 边界上受扭矩 M_{yx} 作用,可以把这一扭矩变换为等效的横向剪力。

取截面上任意两个相邻的微段,这两个微段所受到的扭矩大小分别为 $M_{yx}\mathrm{d}x$, $\left(M_{yx}+\dfrac{\partial M_{yx}}{\partial x}\mathrm{d}x\right)\mathrm{d}x$(图 2-11(a)所示),平面内的一个扭矩可以等效为一对力偶(图 2-11(b)所示)。在两个微段公共边上方向相反的集中剪力 M_{yx} 相互抵消,只剩下集中剪力 $\dfrac{\partial M_{yx}}{\partial x}\mathrm{d}x$(图 2-11(c)所示),此集中剪力除以微段的长度 $\mathrm{d}x$ 就化为分布剪力 $\dfrac{\partial M_{yx}}{\partial x}$。故此边界上总的分布剪力为

$$V_y = Q_y + \frac{\partial M_{yx}}{\partial x} \tag{2-51}$$

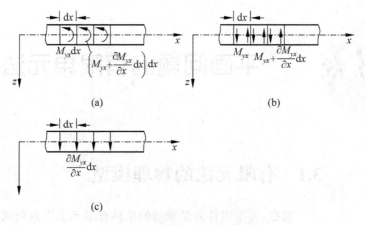

图 2-11 薄板的内力边界条件

需要注意的是,这样等效过后在两个自由边的交点 B 将会出现未抵消的集中剪力,即

$$R_B = (M_{yx})_B + (M_{xy})_B = 2(M_{xy})_B \tag{2-52}$$

其中,M_{xy} 为与 AB 边界垂直的另一边界 BC 上所受的扭矩。B 点需要附加角点条件 $R_B = f$,其中 f 为作用于 B 点的集中力。

现以图 2-12 所示矩形薄板为例,说明各种边界条件的给定方法。假定该板的 OA 边固定(加斜线表示),OC 边简支(加虚线表示),AB 边和 BC 边自由。OC 边长为 a,OA 边长为 b。

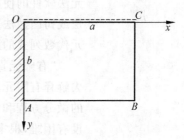

(1) 固定边 OA,在 OA 边上挠度和转角为零。

$$w\mid_{x=0} = 0, \quad \frac{\partial w}{\partial x}\Big|_{x=0} = 0 \tag{2-53}$$

(2) 简支边 OC,在 OC 边上,薄板的挠度和边界的弯矩等于零。

图 2-12 薄板边界条件简例

$$w\mid_{y=0} = 0, \quad M_y\mid_{y=0} = 0 \tag{2-54}$$

(3) 自由边 AB 和 BC,在这两边上,弯矩和剪力为零。

$$M_y\mid_{y=b} = 0, \quad V_y\mid_{y=b} = 0; \quad M_x\mid_{x=a} = 0, \quad V_x\mid_{x=a} = 0 \tag{2-55}$$

(4) 在角点 B 上,由式(2-52)可知

$$M_{xy}\mid_{x=a,y=b} = 0 \tag{2-56}$$

第3章 平面问题的有限单元法

3.1　有限元法的物理模型

现在,关于固体力学求解的位移有限元法代数列式的推导,通常采用两种方法:一是**基于变分原理的里茨法**;二是**寻求微分方程近似解的加权余量法**。得到了代数方程的列式后,往往需要引进位移边界条件,或不同物体间的接触条件,或不同研究区域不同类型单元间的连接条件,这就需要引进某些待求节点位移之间的附加方程,这时又要采用**拉格朗日乘子法**或**罚函数法**去改造已建立的代数方程组。因此,若要理解有限元法的原理,以便驾驭有限元法软件的使用,就需要懂得**变分法**或**加权余量法**、**拉格朗日乘子法**或**罚函数法**这样一些抽象的数学方法。本书开发一种推导有限元代数列式的新方法——有限元直接节点平衡法。

"有限元直接节点平衡法"推导有限元代数列式、或者说用它去解释有限元法原理时,只要对所解问题的数学模型的建立,即它的微分方程和定解条件的推导,比较熟悉,物理概念比较清楚,就没有困难,根本用不着前面提到的那些抽象的数学方法,使得使用者对有限元法原理易懂、易记;而推导结果与已有方法得到的完全相同,所以,它的正确性无需再证明,已有的有限元成果均支持它。更有价值的是,在这种方法的基础上,根据引进的节点位移附加方程去改造已建立的代数方程组的方法也更加直截了当,不用再绕到上述那些抽象的数学方法,并且所得结果较已有方法优越:一方面把原来对附加方程的近似引进变为准确引进;另一方面避免了原来方法乘大数时使方程组性态变坏的弊病。也就是说,这种方法引进节点位移附加方程,不仅易懂、易学,并且得到的结果也精确了,已在弹性力学平面问题和稳态热传导二维问题中实现了推导,也适用于热传导问题和流体力学问题等。下面以弹性力学平面应力问题为例介绍这种方法。

为便于了解"有限元直接节点平衡法"的推演过程,先把有限元法的物理模型的要点概括如下:

(1) 把求解全区域划分为子区域(即单元)和节点,如图 3-1(a)所示:三角形板被划分为 6 个节点,4 个单元。每个单元连接着若干节点,每个节点连接着若干单元;单元和单元之间内力的传递通过所连接的节点来实现。

(2) 全区域的位移试探函数采用分单元插值函数的形式,待求未知量是诸节点的节点位移。

(3) 全部待求的节点位移是由所有节点处的内外力平衡方程来确定的。为建立节点平衡方程,需把各单元里给定的外力(包括体力和给定边界处的外力)移置到所连接的节点上,变为节点载荷。另外,由单元位移插值函数可以经由几何方程和物理方程求得单元的应力,进而算出其边界力,再把边界力移置到单元的节点处,变为"节点力",各单元的节点力经由所连节点在单元间传递。图 3-1(c)给出了一个节点(i)的分离体图:P_{xi} 和 P_{yi} 是节点载荷分量,F_{xi} 和 F_{yi} 是传递的节点力分量。

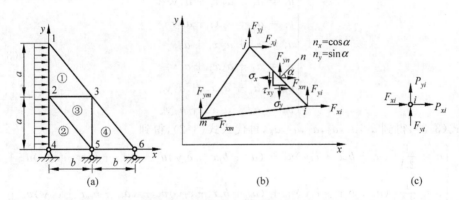

图 3-1　三角形单元和节点受力图
(a) 受载荷作用和位移约束的结构;(b) 单元边界力和节点力;(c) 单元节点受力图

3.2　有限元单元特性矩阵

由以上对有限元法物理模型的理解,可知当将求解区域划分为单元与节点后,在有限元列式的推导中要完成以下几项工作。

3.2.1　构造单元位移插值函数

这项工作和已有的推导方法所做的完全一样。采用假设节点位移模式的方法。

取单元的三个顶点为节点,按逆时针方向排序,分别编号为 i, j, m。每个节点有 2 个位移分量,3 个节点有 6 个位移分量,如图 3-2 所示,任一节点的位移为

$$\boldsymbol{\delta}_i = \begin{bmatrix} u_i \\ v_i \end{bmatrix} \quad (i,j,m)$$

把它排成一列阵,有

$$\boldsymbol{\delta}^e = \begin{bmatrix} \boldsymbol{\delta}_i \\ \boldsymbol{\delta}_j \\ \boldsymbol{\delta}_m \end{bmatrix} = \begin{bmatrix} u_i & v_i & u_j & v_j & u_m & v_m \end{bmatrix}^{\mathrm{T}}$$

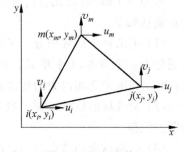

图 3-2 三角形单元

(3-1)

考虑到三角形单元有 6 个节点位移,设单元内一点
的位移函数为

$$\begin{cases} u = a_1 + a_2 x + a_3 y \\ v = a_4 + a_5 x + a_6 y \end{cases}$$

(3-2)

其中,$a_1, a_2, a_3, a_4, a_5, a_6$ 为待定参数。代入节点位移,得到

$$\begin{cases} u_i = a_1 + a_2 x_i + a_3 y_i \\ v_i = a_4 + a_5 x_i + a_6 y_i \\ u_j = a_1 + a_2 x_j + a_3 y_j \\ v_j = a_4 + a_5 x_j + a_6 y_j \\ u_m = a_1 + a_2 x_m + a_3 y_m \\ v_m = a_4 + a_5 x_m + a_6 y_m \end{cases}$$

(3-3)

解式(3-3),得到 $a_1, a_2, a_3, a_4, a_5, a_6$,再代入式(3-2),得到

$$\begin{cases} u = \dfrac{1}{2A} \left[(a_i + b_i x + c_i y) u_i + (a_j + b_j x + c_j y) u_j + (a_m + b_m x + c_m y) u_m \right] \\ v = \dfrac{1}{2A} \left[(a_i + b_i x + c_i y) v_i + (a_j + b_j x + c_j y) v_j + (a_m + b_m x + c_m y) v_m \right] \end{cases}$$

(3-4)

其中

$$\begin{cases} a_i = x_j y_m - x_m y_j \\ b_i = y_j - y_m \\ c_i = -(x_j - x_m) \end{cases}$$

(3-5)

A 为三角形单元的面积,其表达式可写为

$$A = \frac{1}{2}(a_i + a_j + a_m) = \frac{1}{2}(b_i c_j - b_j c_m)$$

(3-6)

式(3-4)可以写为

$$\begin{cases} u = N_i u_i + N_j u_j + N_m u_m \\ v = N_i v_i + N_j v_j + N_m v_m \end{cases}$$

(3-7)

其中

$$N_i = \frac{1}{2A}(a_i + b_i x + c_i y) \quad (i,j,m\ 轮换) \tag{3-8}$$

称为形函数。

将式(3-7)写成列向量形式

$$\boldsymbol{u} = \begin{bmatrix} u \\ v \end{bmatrix} = \begin{bmatrix} N_i & 0 & N_j & 0 & N_m & 0 \\ 0 & N_i & 0 & N_j & 0 & N_m \end{bmatrix} \begin{bmatrix} u_i \\ v_i \\ u_j \\ v_j \\ u_m \\ v_m \end{bmatrix} = \boldsymbol{N}\boldsymbol{\delta}^e \tag{3-9}$$

其中

$$\boldsymbol{N} = \begin{bmatrix} N_i & 0 & N_j & 0 & N_m & 0 \\ 0 & N_i & 0 & N_j & 0 & N_m \end{bmatrix} \tag{3-10}$$

叫做形函数矩阵。

3.2.2 位移插值函数的性质

这里只论及本文下面要用到的有关性质。

根据收敛条件的要求,位移插值函数应有反映单元刚体位移的能力,亦即当单元发生任意刚体位移时,在单元的任意点处,由位移插值函数算出的位移分量应该就是该点应具有的,这是收敛条件中完备性要求的内容(以下简称"完备要求")。要满足这里说的完备要求,插值基函数间就必须满足一些数学关系,我们笼统地称这些关系属于插值函数应具备的性质。下面推导这些数学关系,以后要用到它们。

单元任意的刚体位移,可以由其沿 x 轴和 y 轴的平动,以及绕坐标原点的转动三个分量组成。下面将分别计算单元内任一点 $p(x_p, y_p)$ 在这三个分量下沿 x 轴和 y 轴的位移 u_p 和 v_p,看一看要求位移插值函数满足上述完备要求时,插值基函数应满足的数学关系。

下面计算任一点 p 沿 x 轴的位移 u_p。

1) 在单元沿 x 轴刚体平动 u_0 时

这时,点 p 沿 x 轴的位移应为

$$u_p = u_0 \tag{3-11}$$

同时,单元的各个节点位移为

$$\begin{cases} u_i = u_j = u_m = u_0 \\ v_i = v_j = v_m = 0 \end{cases} \tag{3-12}$$

将以上节点位移代入位移插值函数(3-9)算得点 p 沿 x 轴的位移为

$$u_p = N_i u_0 + N_j u_0 + N_m u_0 = (N_i + N_j + N_m) u_0 \tag{3-13}$$

按照前面说的完备要求,式(3-11)和式(3-13)应得相同结果,亦即要求

$$(N_i + N_j + N_m) u_0 = u_0 \tag{3-14}$$

消去 u_0,随得到

$$(N_i + N_j + N_m) = 1 \tag{3-15}$$

2) 在单元沿 y 轴刚体平动 v_0 时

这时,点 p 沿 y 轴的位移应为

$$v_p = v_0 \tag{3-16}$$

同时,单元的各个节点位移为

$$\begin{cases} u_i = u_j = u_m = 0 \\ v_i = v_j = v_m = v_0 \end{cases} \tag{3-17}$$

将以上节点位移代入位移插值函数(3-9)算得点 p 沿 y 轴的位移为

$$(N_i + N_j + N_m) v_0 = v_0 \tag{3-18}$$

按照前面说的完备要求,式(3-14)式(3-18)应得相同结果。可以看出,这一点已自然满足,不再对插值基函数有要求。

3) 在单元绕坐标原点刚体转动 θ_0 时

这时,点 p 沿 x 轴的位移为

$$u_p = y_p \theta_0 \tag{3-19}$$

同时,单元的各个节点位移为

$$\begin{cases} u_i = y_i \theta_0, & v_i = -x_i \theta_0 \\ u_j = y_j \theta_0, & v_j = -x_j \theta_0 \\ u_m = y_m \theta_0, & v_m = -x_m \theta_0 \end{cases} \tag{3-20}$$

将以上节点位移代入位移插值函数(3-9)算得点 p 沿 x 轴的位移为

$$u_p = N_i y_i \theta_0 + N_j y_j \theta_0 + N_m y_m \theta_0 \tag{3-21}$$

按照前面说的完备要求,式(3-19)和式(3-21)应得相同结果,亦即要求

$$y_p \theta_0 = (N_i y_i + N_j y_j + N_m y_m) \theta_0 \tag{3-22}$$

消去 θ_0,得到

$$y_p = (N_i y_i + N_j y_j + N_m y_m) \tag{3-23}$$

仿照以上推演,在单元的 3 种刚体位移分量下计算单元内任一点 p 沿 y 坐标的位移 v_p 移时,则由完备要求也将导出约束插值函数的两个数学关系式:一个同于式(3-15),另一个则为

$$x_p = N_i x_i + N_j x_j + N_m x_m \tag{3-24}$$

以上得到的式(3-15)、式(3-23)和式(3-24)就是当要求位移插值函数有反映单元刚体运动能力时,或者说,对于一个可用的插值函数来说,其插值基函数必须满足

的数学关系。把前面列出的插值基函数(3-8)代入,可以验证它们是满足这些数学
关系的。

3.2.3　应变矩阵和应力矩阵

有了单元位移后,经由几何方程和物理方程可求单元的应变和应力;而由单元
位移插值函数求得的应变和应力当然也是以单元节点位移为变量的表达式。

平面问题几何方程的矩阵形式为

$$\boldsymbol{\varepsilon} = \begin{bmatrix} \varepsilon_x \\ \varepsilon_y \\ \gamma_{xy} \end{bmatrix} = \begin{bmatrix} \dfrac{\partial u}{\partial x} \\ \dfrac{\partial v}{\partial y} \\ \dfrac{\partial u}{\partial y} + \dfrac{\partial v}{\partial x} \end{bmatrix} = \begin{bmatrix} \dfrac{\partial}{\partial x} & 0 \\ 0 & \dfrac{\partial}{\partial y} \\ \dfrac{\partial}{\partial y} & \dfrac{\partial}{\partial x} \end{bmatrix} \begin{bmatrix} u \\ v \end{bmatrix} = \boldsymbol{L} \begin{bmatrix} u \\ v \end{bmatrix} \tag{3-25}$$

其中,

$$\boldsymbol{L} = \begin{bmatrix} \dfrac{\partial}{\partial x} & 0 \\ 0 & \dfrac{\partial}{\partial y} \\ \dfrac{\partial}{\partial y} & \dfrac{\partial}{\partial x} \end{bmatrix} \tag{3-26}$$

将式(3-9)代入式(3-25),得

$$\boldsymbol{\varepsilon} = \boldsymbol{LN}\boldsymbol{\delta}^e = \boldsymbol{B}\boldsymbol{\delta}^e \tag{3-27}$$

其中,

$$\boldsymbol{B} = \boldsymbol{LN} \tag{3-28}$$

联系着单元应变和单元节点位移,叫做应变矩阵。

平面应力问题的物理方程的矩阵形式为

$$\boldsymbol{\sigma} = \begin{bmatrix} \sigma_x \\ \sigma_y \\ \tau_{xy} \end{bmatrix} = \frac{E}{1-\nu^2} \begin{bmatrix} 1 & \nu & 0 \\ \nu & 1 & 0 \\ 0 & 0 & \dfrac{1-\nu}{2} \end{bmatrix} \begin{bmatrix} \varepsilon_x \\ \varepsilon_y \\ \gamma_{xy} \end{bmatrix} = \boldsymbol{D}\boldsymbol{\varepsilon} \tag{3-29}$$

其中,

$$\boldsymbol{D} = \frac{E}{1-\nu^2} \begin{bmatrix} 1 & \nu & 0 \\ \nu & 1 & 0 \\ 0 & 0 & \dfrac{1-\nu}{2} \end{bmatrix} \tag{3-30}$$

由材料弹性模量 E 和泊松比 ν 组成,叫做弹性矩阵,把式(3-27)代入式(3-29),得

$$\boldsymbol{\sigma} = \boldsymbol{DB}\boldsymbol{\delta}^e = \boldsymbol{S}\boldsymbol{\delta}^e \tag{3-31}$$

其中，

$$S = DB \tag{3-32}$$

联系着单元应力和单元节点位移，叫做应力矩阵。

3.2.4　单元节点载荷列阵

有限元网格剖分后，有些单元上可能承担有结构的外力。如图 3-3 所示的单元上作用有结构的体力，设体力集度沿坐标方向的分量分别为 $p_x(x,y)$ 和 $p_y(x,y)$，图 3-4 所示的单元某段边界上作用有结构的面力，设面力集度的分量分别为 $q_x(s)$ 和 $q_y(s)$，另在边界某一点 (x_p,y_p) 处作用有结构的集中力，设它的分量分别为 p_x 和 p_y。

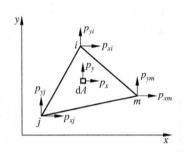

图 3-3　有体力的单元

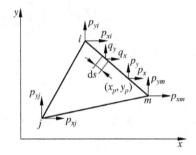

图 3-4　有边界力的单元

在前面归纳出的关于有限元法力学模型的要点中已指出，我们需要把每个单元上承受的结构外力移置到它的节点上去，变为节点载荷，每个节点处有 2 个节点载荷分量，3 个节点处共 6 个分量，如图 3-3 和图 3-4 中 p_{xi}，p_{yi} 等所示。下面介绍它们的移置方法。首先讨论体力的移置。

参看图 3-4，在微面积 $\mathrm{d}A$ 上集度为 p_x 和 p_y 的体力微元为 $p_x\mathrm{d}A$ 和 $p_y\mathrm{d}A$，现在需要把它们乘以适当的移置系数移置到单元的 3 个节点上。移置的原则是：移置到 3 个节点上的节点载荷应和被移置的载荷静力等效。对于平面问题，所谓静力等效就是移置后节点载荷在 x 轴和 y 轴上的投影以及对坐标原点的矩应分别与原始载荷的相等。为了选取合适的移置系数，就要看一看在静力等效原则下移置系数应满足什么样的数学关系，然后，根据所满足的关系去选合适的移置系数。

首先，讨论体力微元 $p_x\mathrm{d}A$ 的移置。

令向节点 i,j,m 移置时的移置系数分别记为 $w_i(x,y)$，$w_j(x,y)$ 和 $w_m(x,y)$，并注意到体力微元 $p_x\mathrm{d}A$ 不应向节点处的 y 方向移置载荷，则移置后的节点载荷可写为

$$\begin{cases} \mathrm{d}p_{xi} = w_i p_x \mathrm{d}A \\ \mathrm{d}p_{xj} = w_j p_x \mathrm{d}A \\ \mathrm{d}p_{xm} = w_m p_x \mathrm{d}A \\ \mathrm{d}p_{yi} = \mathrm{d}p_{yj} = \mathrm{d}p_{ym} = 0 \end{cases} \tag{3-33}$$

下面,对移置系数要满足的数学关系进行推导。

1. 考虑在 x 轴上的投影 P_x

在 x 轴上,原始力的投影为

$$P_x = p_x \mathrm{d}A \tag{3-34}$$

节点载荷的投影为

$$P_x = \mathrm{d}p_{xi} + \mathrm{d}p_{xj} + \mathrm{d}p_{xm} \tag{3-35}$$

将式(3-33)中的表达式代入上式,有

$$\begin{aligned} P_x &= w_i p_x \mathrm{d}A + w_j p_x \mathrm{d}A + w_m p_x \mathrm{d}A \\ &= (w_i + w_j + w_m) p_x \mathrm{d}A \end{aligned} \tag{3-36}$$

按照上述静力等效的要求,式(3-34)和式(3-36)应得相同结果,亦即要求

$$(w_i + w_j + w_m) p_x \mathrm{d}A = p_x \mathrm{d}A \tag{3-37}$$

得到

$$(w_i + w_j + w_m) = 1 \tag{3-38}$$

2. 考虑在 y 轴上投影 P_y

对于 y 轴,原始力投影为

$$P_y = 0 \tag{3-39}$$

节点载荷的投影为

$$P_y = \mathrm{d}p_{yi} + \mathrm{d}p_{yj} + \mathrm{d}p_{ym} \tag{3-40}$$

将式(3-33)中的表达式代入上式,有

$$P_y = 0 \tag{3-41}$$

按照上述静力等效的要求,式(3-39)和式(3-41)应得相同结果,不过,这一点已被自然满足,不再对移置系数有要求。

3. 考虑对坐标原点的矩 M_0

对于坐标原点,原始力的矩为

$$M_0 = y_p p_x \mathrm{d}A \tag{3-42}$$

节点载荷的矩为

$$M_0 = y_i \mathrm{d}p_{xi} + y_j \mathrm{d}p_{xj} + y_m \mathrm{d}p_{xm} \tag{3-43}$$

将式(3-33)中的表达式代入上式,有

$$M_0 = w_i y_i p_x \mathrm{d}A + w_j y_j p_x \mathrm{d}A + w_m y_m p_x \mathrm{d}A$$
$$= (w_i y_i + w_j y_j + w_m y_m) p_x \mathrm{d}A \tag{3-44}$$

按照上述静力等效的要求,式(3-42)和式(3-44)应得相同结果,亦即要求:

$$y_p p_x \mathrm{d}A = (w_i y_i + w_j y_j + w_m y_m) p_x \mathrm{d}A \tag{3-45}$$

得到

$$y_p = w_i y_i + w_j y_j + w_m y_m \tag{3-46}$$

现在,对体力微元 $p_y \mathrm{d}A$ 进行移置。注意到它不应向节点处的 x 方向移置载荷,则移置后的节点载荷可写为

$$\begin{cases} \mathrm{d}p_{xi} = \mathrm{d}p_{xj} = \mathrm{d}p_{xm} = 0 \\[4pt] \mathrm{d}p_{yi} = w_i p_y \mathrm{d}A \\[4pt] \mathrm{d}p_{yj} = w_j p_y \mathrm{d}A \\[4pt] \mathrm{d}p_{ym} = w_m p_y \mathrm{d}A \end{cases} \tag{3-47}$$

仿照以上推演,也将两个移置系数需要满足的关系式列于下:一个同于式(3-38),另一个是:

$$x_p = w_i x_i + w_j x_j + w_m x_m \tag{3-48}$$

现在,讨论移置系数的选取。式(3-38)、式(3-46)和式(3-48)就是按照静力等效要求体力微元 $p_x \mathrm{d}A$ 和 $p_y \mathrm{d}A$ 移置时,各个移置系数要满足的数学关系,只有在单元里处处满足这些数学关系的函数才可以做集中力 P 的移置系数。回顾在讨论位移插值函数性质时得到的插值基函数必满足的数学关系式(3-15)、式(3-23)和式(3-24),就会发现:在那里构造的插值基函数已经满足的数学关系和这里要求移置系数满足的是完全相同的,因此,可以方便地直接取那里与各个节点位移分量对应的插值基函数作为这里体力微元 $p_x \mathrm{d}A$ 和 $p_y \mathrm{d}A$ 移置时各个节点载荷分量的移置系数。这样,式(3-33)和式(3-47)可以直接改写为

$$\begin{cases} \mathrm{d}p_{xi} = N_i p_x \mathrm{d}A \\[4pt] \mathrm{d}p_{xj} = N_j p_x \mathrm{d}A \\[4pt] \mathrm{d}p_{xm} = N_m p_x \mathrm{d}A \\[4pt] \mathrm{d}p_{yi} = \mathrm{d}p_{yj} = \mathrm{d}p_{ym} = 0 \end{cases} \tag{3-49}$$

和

$$\begin{cases} \mathrm{d}p_{xi} = \mathrm{d}p_{xj} = \mathrm{d}p_{xm} = 0 \\[4pt] \mathrm{d}p_{yi} = N_i p_y \mathrm{d}A \\[4pt] \mathrm{d}p_{yj} = N_j p_y \mathrm{d}A \\[4pt] \mathrm{d}p_{ym} = N_m p_y \mathrm{d}A \end{cases} \tag{3-50}$$

其中,插值基函数 N_i,N_j,N_m 已如式(3-8)所示。

整个单元上的分布体力 p_x 向节点的移置结果可以由对上式的积分得到,亦即

$$\begin{cases} p_{xi} = \int_{A^e} \mathrm{d}p_{xi} = \int_{A^e} N_i(x,y) p_x \mathrm{d}A \\ p_{xj} = \int_{A^e} \mathrm{d}p_{xj} = \int_{A^e} N_j(x,y) p_x \mathrm{d}A \\ p_{xm} = \int_{A^e} \mathrm{d}p_{xm} = \int_{A^e} N_m(x,y) p_x \mathrm{d}A \end{cases} \qquad (3\text{-}51)$$

仿照上述讨论也可推出,整个单元上的分布体力分量 p_y 向节点的移置结果将为

$$\begin{cases} p_{yi} = \int_{A^e} N_i(x,y) p_y \mathrm{d}A \\ p_{yj} = \int_{A^e} N_j(x,y) p_y \mathrm{d}A \\ p_{ym} = \int_{A^e} N_m(x,y) p_y \mathrm{d}A \end{cases} \qquad (3\text{-}52)$$

若定义

$$\boldsymbol{p} = [p_x \quad p_y]^\mathrm{T} \qquad (3\text{-}53)$$
$$\boldsymbol{P}^e = [P_{xi} \quad P_{yi} \quad P_{xj} \quad P_{yj} \quad P_{xm} \quad P_{ym}]^\mathrm{T} \qquad (3\text{-}54)$$

综合式(3-51)和式(3-52)可写出如下矩阵表达式:

$$\boldsymbol{P}^e = \int_{A^e} \begin{bmatrix} N_i & 0 & N_j & 0 & N_m & 0 \\ 0 & N_i & 0 & N_j & 0 & N_m \end{bmatrix}^\mathrm{T} \begin{Bmatrix} p_x \\ p_y \end{Bmatrix} \mathrm{d}A$$

$$= \int_{A^e} \boldsymbol{N}^\mathrm{T} \boldsymbol{p} \mathrm{d}A \qquad (3\text{-}55)$$

其中,形函数矩阵 $\boldsymbol{N}$ 的表达式已如式(3-10)所示。

下面讨论单元上边界载荷的移置。若注意到前面关于体力微元移置的原则和方法完全适用于边界力微元 $q_x \mathrm{d}S$ 以及集中力分量 P_x 和 P_y 的移置,可直接写出它们移置后的节点载荷表达式:对于分布力,只需要把原来的面积分变为分布力所在边界段 s 的线积分;对于集中力,只需把 3 个节点的移置系数取值于集中力作用点处 (x_p, y_p) 的插值基函数 $N_i(x_p, y_p)$,$N_j(x_p, y_p)$ 和 $N_m(x_p, y_p)$。这里直接给出移置结果的矩阵表达式,对于分布力,有

$$\boldsymbol{P} = \int_s \begin{bmatrix} N_i & 0 & N_j & 0 & N_m & 0 \\ 0 & N_i & 0 & N_j & 0 & N_m \end{bmatrix}^\mathrm{T} \begin{bmatrix} q_x \\ q_y \end{bmatrix} \mathrm{d}S$$

$$= \int_s \boldsymbol{N}^\mathrm{T} \boldsymbol{q} \mathrm{d}S \qquad (3\text{-}56)$$

其中,

$$\boldsymbol{q} = [q_x \quad q_y]^\mathrm{T} \qquad (3\text{-}57)$$

对于集中力,有

$$\boldsymbol{P}^e = \begin{bmatrix} N_i(x_p, y_p) & 0 & N_j(x_p, y_p) & 0 & N_m(x_p, y_p) & 0 \\ 0 & N_i(x_p, y_p) & 0 & N_j(x_p, y_p) & 0 & N_m(x_p, y_p) \end{bmatrix}^\mathrm{T} \begin{bmatrix} P_x \\ P_y \end{bmatrix}$$

$$= \boldsymbol{N}_p \boldsymbol{P}_p \qquad (3\text{-}58)$$

其中，

$$\boldsymbol{N}_p = \begin{bmatrix} N_i(x_p,y_p) & 0 & N_j(x_p,y_p) & 0 & N_m(x_p,y_p) & 0 \\ 0 & N_i(x_p,y_p) & 0 & N_j(x_p,y_p) & 0 & N_m(x_p,y_p) \end{bmatrix}^{\mathrm{T}}$$

(3-59)

$$\boldsymbol{P}_p = \begin{bmatrix} P_x & P_y \end{bmatrix}^{\mathrm{T}}$$

(3-60)

至此可以看出，式(3-55)、式(3-56)和式(3-58)的结果与有限元列式的已有推导方法得到的结果完全相同。

3.2.5 单元刚度矩阵

前面已经介绍，构造出单元的位移插值函数以后，单元的应变和应力都可以表示为节点位移的函数，那么，在单元边界上的应力也就可以表达为节点位移的函数。在有限元法力学模型的要点中已指出，为建立结构的节点平衡方程，需要把单元边界上的内力向节点移置，得到所谓的"节点力"，在 3 个节点处共有 6 个节点力分量，它们可以写成 6 个节点位移分量线性组合，组和式子的系数将构成所谓的"单元刚度矩阵"。

推导的第 1 步先写出单元边界力分量 F_{nx}，F_{ny}，见图 3-5。用应力分量表达的关系式，由弹性力学知，有

$$\begin{cases} F_{nx} = \sigma_x n_x + \tau_{xy} n_y \\ F_{ny} = \sigma_y n_y + \tau_{xy} n_x \end{cases}$$

(3-61)

写成矩阵形式有

$$\boldsymbol{F}_n = \begin{bmatrix} F_{nx} \\ F_{ny} \end{bmatrix} = \begin{bmatrix} \sigma_x n_x + \tau_{xy} n_y \\ \tau_{xy} n_x + \sigma_y n_y \end{bmatrix}$$

(3-62)

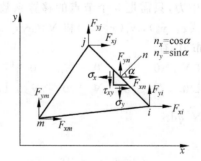

图 3-5 单元边界力与节点力

下一步要把边界力分量 F_{nx} 和 F_{ny} 向单元节点移置。显然，前面介绍的关于单元边界分布载荷的移置方法对这里的边界力完全适用。参看图 3-5，令 6 个节点力分量组成如下列阵：

$$\boldsymbol{F} = \begin{bmatrix} F_{xi} & F_{yi} & F_{xj} & F_{yi} & F_{xm} & F_{ym} \end{bmatrix}^{\mathrm{T}} \tag{3-63}$$

仿照式(3-56),并注意到与应力相应的边界力,在单元的全部边界 S^e 上都有,可以写出移置来的节点力结果为

$$\boldsymbol{F} = \int_{S^e} \boldsymbol{N}^{\mathrm{T}} \boldsymbol{F}_n \mathrm{d}S$$

$$= \int_{S^e} \begin{bmatrix} N_i & 0 & N_j & 0 & N_m & 0 \\ 0 & N_i & 0 & N_j & 0 & N_m \end{bmatrix}^{\mathrm{T}} \begin{bmatrix} \sigma_x n_x + \tau_{xy} n_y \\ \tau_{xy} n_x + \sigma_y n_y \end{bmatrix} \mathrm{d}S$$

$$= \int_{S^e} \begin{bmatrix} N_i \sigma_x n_x + N_i \tau_{xy} n_y \\ N_i \tau_{xy} n_x + N_i \sigma_y n_y \\ N_j \sigma_x n_x + N_j \tau_{xy} n_y \\ N_j \tau_{xy} n_x + N_j \sigma_y n_y \\ N_m \sigma_x n_x + N_m \tau_{xy} n_y \\ N_m \tau_{xy} n_x + N_m \sigma_y n_y \end{bmatrix} \mathrm{d}S$$

利用格林公式可把上式沿单元边界积分变为单元域内积分

$$\boldsymbol{F} = \int_{A^e} \begin{bmatrix} \dfrac{\partial(N_i \sigma_x)}{\partial x} + \dfrac{\partial(N_i \tau_{xy})}{\partial y} \\[2mm] \dfrac{\partial(N_i \tau_{xy})}{\partial x} + \dfrac{\partial(N_i \sigma_y)}{\partial y} \\[2mm] \dfrac{\partial(N_j \sigma_x)}{\partial x} + \dfrac{\partial(N_j \tau_{xy})}{\partial y} \\[2mm] \dfrac{\partial(N_j \tau_{xy})}{\partial x} + \dfrac{\partial(N_j \sigma_y)}{\partial y} \\[2mm] \dfrac{\partial(N_m \sigma_x)}{\partial x} + \dfrac{\partial(N_m \tau_{xy})}{\partial y} \\[2mm] \dfrac{\partial(N_m \tau_{xy})}{\partial x} + \dfrac{\partial(N_m \sigma_y)}{\partial y} \end{bmatrix} \mathrm{d}A$$

$$= \int_{A^e} \begin{bmatrix} \dfrac{\partial N_i}{\partial x}\sigma_x + \dfrac{\partial N_i}{\partial y}\tau_{xy} + N_i\left(\dfrac{\partial \sigma_x}{\partial x} + \dfrac{\partial \tau_{xy}}{\partial y}\right) \\[2mm] \dfrac{\partial N_i}{\partial x}\tau_{xy} + \dfrac{\partial N_i}{\partial y}\sigma_y + N_i\left(\dfrac{\partial \tau_{xy}}{\partial x} + \dfrac{\partial \sigma_y}{\partial y}\right) \\[2mm] \dfrac{\partial N_j}{\partial x}\sigma_x + \dfrac{\partial N_j}{\partial y}\tau_{xy} + N_j\left(\dfrac{\partial \sigma_x}{\partial x} + \dfrac{\partial \tau_{xy}}{\partial y}\right) \\[2mm] \dfrac{\partial N_j}{\partial x}\tau_{xy} + \dfrac{\partial N_j}{\partial y}\sigma_y + N_j\left(\dfrac{\partial \tau_{xy}}{\partial x} + \dfrac{\partial \sigma_y}{\partial y}\right) \\[2mm] \dfrac{\partial N_m}{\partial x}\sigma_x + \dfrac{\partial N_m}{\partial y}\tau_{xy} + N_m\left(\dfrac{\partial \sigma_x}{\partial x} + \dfrac{\partial \tau_{xy}}{\partial y}\right) \\[2mm] \dfrac{\partial N_m}{\partial x}\tau_{xy} + \dfrac{\partial N_m}{\partial y}\sigma_y + N_m\left(\dfrac{\partial \tau_{xy}}{\partial x} + \dfrac{\partial \sigma_y}{\partial y}\right) \end{bmatrix} \mathrm{d}A$$

应注意到,在有限元法的力学模型中,已将单元的体力移置到单元的节点上,构造应力场时,在单元里,面对的应是零体力,由平面问题的平衡方程知,这时必要求上式中各元素的末项中圆括号里的应力表达式均应为零,消去这些项,上式可写为

$$
\boldsymbol{F} = \int_{A^e}
\begin{bmatrix}
\dfrac{\partial N_i}{\partial x} & 0 & \dfrac{\partial N_i}{\partial y} \\[2mm]
0 & \dfrac{\partial N_i}{\partial y} & \dfrac{\partial N_i}{\partial x} \\[2mm]
\dfrac{\partial N_j}{\partial x} & 0 & \dfrac{\partial N_j}{\partial y} \\[2mm]
0 & \dfrac{\partial N_j}{\partial y} & \dfrac{\partial N_j}{\partial x} \\[2mm]
\dfrac{\partial N_m}{\partial x} & 0 & \dfrac{\partial N_m}{\partial y} \\[2mm]
0 & \dfrac{\partial N_m}{\partial y} & \dfrac{\partial N_m}{\partial x}
\end{bmatrix}
\begin{bmatrix}
\sigma_x \\ \sigma_y \\ \tau_{xy}
\end{bmatrix}
\mathrm{d}A
\tag{3-64}
$$

与式(3-28)对照,可知上式中的矩阵就是 $\boldsymbol{B}^{\mathrm{T}}$,再代入式(3-29)和式(3-32)的结果,上式可写为

$$
\begin{aligned}
\boldsymbol{F}^e &= \int_{A^e} \boldsymbol{B}^{\mathrm{T}} \boldsymbol{\sigma} \mathrm{d}A = \left(\int_{A^e} \boldsymbol{B}^{\mathrm{T}} \boldsymbol{S} \mathrm{d}A \right) \boldsymbol{\delta}^e \\
&= \left(\int_{A^e} \boldsymbol{B}^{\mathrm{T}} \boldsymbol{D} \boldsymbol{B} \mathrm{d}A \right) \boldsymbol{\delta}^e \\
&= \boldsymbol{K}^e \boldsymbol{\delta}^e
\end{aligned}
\tag{3-65}
$$

其中,

$$
\boldsymbol{K}^e = \int_{A^e} \boldsymbol{B}^{\mathrm{T}} \boldsymbol{D} \boldsymbol{B} \mathrm{d}A
\tag{3-66}
$$

叫做单元刚度矩阵,元素 k_{ij} 的意义是第 j 个节点位移分量对第 i 个节点力分量的影响系数。弹性矩阵 $\boldsymbol{D}$ 是对称矩阵,由式(3-66)可看出 $\boldsymbol{K}^e$ 也必对称。单元刚度矩阵与位移模式,材料参数和单元的尺寸与形状有关。

可以看出,式(3-66)的结果与传统推法得到的完全相同。

3.3　节点平衡方程的建立

前已述及,在有限元位移法中,要根据节点平衡方程建立求解节点位移分量的代数方程。若待解的结构被剖分后有 N_p 个节点,首先取出这些节点的分离体,图 3-1 中画出了第 $i(i=1,2,\cdots,N_p$,在所示三角形板的网格图中 $N_p=6$)点的分离体图。在每个节点的分离体上作用有从与它相连的单元上移置过来的节点载荷 P_{xi} 和 P_{yi},计算它们的公式为

$$\begin{cases} P_{xi} = \displaystyle\sum_{j=1}^{N_a} P_{xi}^j \\ P_{yi} = \displaystyle\sum_{j=1}^{N_a} P_{yi}^j \end{cases}, \quad i=1,2,\cdots,N_p \tag{3-67}$$

公式的意义就是取与节点 i 相连的单元上移置到节点 i 的节点载荷的代数和,作为节点的载荷,其中 N_a 为与节点 i 相连的单元的个数,如对于图 3-1 中的节点 2,与它相连的,有单元①、②、③共 3 个,$N_a=3$。在每个节点的分离体上还作用有与它相连的单元上传过来的节点力 F_{xi} 和 F_{yi},计算它们的公式为

$$\begin{cases} F_{xi} = \displaystyle\sum_{j=1}^{N_a} F_{xi}^j \\ F_{yi} = \displaystyle\sum_{j=1}^{N_a} F_{yi}^j \end{cases}, \quad i=1,2,\cdots,N_p \tag{3-68}$$

公式的意义是取与节点 i 相连的单元上传给节点 i 的节点力的代数和作为节点 i 的另一类载荷,节点力可由式(3-65)算得。不过,应注意:由式(3-65)表达的单元的节点力是节点给单元的,现在求的节点力是单元给节点的,所以将式(3-65)算得的结果代入式(3-68)的右端时应加一负号。N_a 的意义同前。

在平面问题中每个节点的平衡方程有 2 个:

$$\begin{cases} \sum x = 0, P_{xi} + F_{xi} = 0 \\ \sum y = 0, P_{yi} + F_{yi} = 0 \end{cases}, \quad i=1,2,\cdots,N_p$$

或

$$\begin{cases} -F_{xi} = P_{xi} \\ -F_{yi} = P_{yi} \end{cases}, \quad i=1,2,\cdots,N_p \tag{3-69}$$

从所有节点可以建立 $2N_p$ 个这样的方程,构成一个线性方程组;由以上计算过程可知,其中每个方程的右端是可以由结构的原始载荷算得的已知数,左端的表达式是节点 i 和与它共单元的那些节点的节点位移分量的线性组合。可以把方程组写成矩阵形式,右端项是 $2N_p$ 个节点载荷分量构成的列阵,叫它总载荷列阵,以 $\boldsymbol{P}$ 表示。左端是一个已知系数矩阵乘以由 $2N_p$ 个未知节点位移分量构成的列阵,其中,已知矩阵的每个系数都是由某些单元刚阵的元素相加的结果,称该矩阵为总刚度矩阵,以 $\boldsymbol{K}$ 表示。未知列阵叫总节点位移列阵,以 $\boldsymbol{\delta}$ 表示。这样,式(3-69)的代数方程组常被写为

$$\boldsymbol{K\delta} = \boldsymbol{P} \tag{3-70}$$

它与有限元法已有推法得到的结果也完全相同。可以证明,$\boldsymbol{K}$ 也是对称矩阵。引入结构位移给定边界处节点的给定位移后,由式(3-70)即可解出全部节点位移。

3.4　节点位移附加方程的引入

本章介绍的有限元列式推导方法的重要特点是突出了节点力和节点平衡的概念,所得代数方程组中的方程就是各节点的平衡方程,这也使得某些节点位移间附加方程的引入变得既直观又方便。这里讨论的附加条件都表达为某些节点位移分量间的线性方程。下面,用有代表性的 3 个例子说明引入附加方程的实施方法:第 1 个是支承不沿坐标方向的所谓斜支承问题,第 2 个是常见的接触问题,第 3 个是结构中有部分保持刚体的问题。

例 3.1　斜支承问题

图 3-6(a)中所示三角形平面结构可简化为平面应力问题,在角点 1 作用一水平集中力 P,在角点 2 受活动铰链支承,支承方向与水平方向夹角为 α,在角点 3 受固定铰链支承。试用 3 节点 6 自由度单元建立有限元方程组。

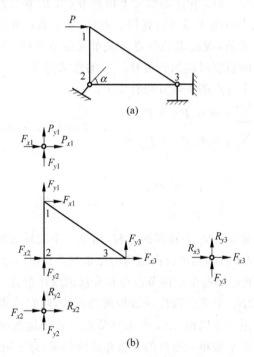

图 3-6　带斜支承三角板和有限元离散图

(a) 结构与载荷的示意图;(b) 单元和节点的受力图

解　为简单起见,在求解时只用 1 个单元,其节点编号仍如图 3-6(a)中的 1,2,3 所示;结构按节点和单元离散为 4 个元件后的简图如图 3-6(b)所示,待求的 3 个节点处的 6 个节点位移分量为 u_1，v_1，u_2，v_2，u_3，v_3。在节点 1 有给定力的边界条件：$P_{x1}=P$；在节点 3 有给定位移的边界条件：$u_3=0$ 和 $v_3=0$，同时也就出现了支反力 R_{x3} 和 R_{y3}。根据 3 个节点处的平衡方程可以写出共 6 个线性方程的方程组。不过，将节点 3 的位移边界条件代入后，与 u_3 和 v_3 有关的项将消失，用于求解的方程也可以省去两个；如果注意到由于在节点 3 的两个平衡方程中还应包含未知的支反力时，应该去掉的正应该是这两个方程。下面，只写出其余 4 个方程如下：

$$\begin{cases} k_{11}u_1 + k_{12}v_1 + k_{13}u_2 + k_{14}v_2 = p_{x1} = p \\ k_{21}u_1 + k_{22}v_1 + k_{23}u_2 + k_{24}v_2 = p_{y1} = 0 \\ k_{31}u_1 + k_{32}v_1 + k_{33}u_2 + k_{34}v_2 = R_{x2} \\ k_{41}u_1 + k_{42}v_1 + k_{43}u_2 + k_{44}v_2 = R_{y2} \end{cases} \tag{3-71}$$

这里，后 2 个方程右端的 R_{x2} 和 R_{y2} 是节点 2 处沿支承方向的支反力分别在坐标 x 和 y 方向的投影，目前它们也是未知的；为求解多出的这 2 个未知量，可利用节点 2 处的 2 个边界条件，即：沿 α 方向的位移为零和沿与 α 垂直方向反力的投影为零，如下面两式所示：

$$\begin{cases} u_2\cos\alpha + v_2\sin\alpha = 0 \\ au_2 + bv_2 = 0 \\ u_2 = -\dfrac{b}{a}v_2 \end{cases} \tag{3-72}$$

$$\begin{cases} R_{x2}\sin\alpha - R_{y2}\cos\alpha = 0 \\ bR_{x2} - aR_{y2} = 0 \\ R_{y2} = \dfrac{b}{a}R_{x2} \end{cases} \tag{3-73}$$

这里，$a=\cos\alpha$，$b=\sin\alpha$。式(3-72)和式(3-73)给出了节点位移分量 u_2 和 v_2 应满足的附加方程，把它引入已建立的用于求解节点位移的代数方程组的过程大致分为以下两步：第 1 步视 u_2 为被给定，将式(3-72)和式(3-73)的结果代入式(3-71)，消去未知量 u_2，其结果如下：

$$\begin{cases} k_{11}u_1 + k_{12}v_1 + \left(k_{14} - \dfrac{b}{a}k_{13}\right)v_2 = p \\ k_{21}u_1 + k_{22}v_1 + \left(k_{24} - \dfrac{b}{a}k_{23}\right)v_2 = 0 \\ k_{31}u_1 + k_{32}v_1 + \left(k_{34} - \dfrac{b}{a}k_{33}\right)v_2 = R_{x2} \\ k_{41}u_1 + k_{42}v_1 + \left(k_{44} - \dfrac{b}{a}k_{43}\right)v_2 = R_{y2} \end{cases} \tag{3-74}$$

方程组中少了 1 个未知量 u_2，将来求解节点位移时也应去掉 1 个方程，要去掉的应是方程组中与 u_2 对应的第 3 式，但它并非多余，需要用它求支反力分量 F_{x2}；第 2

步,把上面第 3 式中 R_{x2} 的表达式代入式(3-73)的第 3 式,得到

$$R_{y2} = \frac{b}{a}k_{31}u_1 + \frac{b}{a}k_{32}v_1 + \frac{b}{a}\left(k_{34} - \frac{b}{a}k_{33}\right)v_2 \qquad (3\text{-}75)$$

再把上式的结果代入式(3-74)的第 4 式,并注意到那里的第 3 式已被用掉,最后得到

$$\begin{cases} k_{11}u_1 + k_{12}v_1 + \left(k_{14} - \dfrac{b}{a}k_{13}\right)v_2 = P \\[2mm] k_{21}u_1 + k_{22}v_1 + \left(k_{24} - \dfrac{b}{a}k_{23}\right)v_2 = 0 \\[2mm] \left(k_{41} - \dfrac{b}{a}k_{31}\right)u_1 + \left(k_{42} - \dfrac{b}{a}k_{32}\right)v_1 \\[2mm] + \left[k_{44} - \dfrac{b}{a}k_{43} - \dfrac{b}{a}\left(k_{34} - \dfrac{b}{a}k_{33}\right)\right]v_2 = 0 \end{cases} \qquad (3\text{-}76)$$

由此方程组可解得 3 个节点位移 u_1,v_1 和 v_2,再由式(3-72)可求得 u_2,至此,全部节点位移均可求出;若需要节点 2 处的支座反力可由式(3-74)的后两式求出,若需要节点 3 的支座反力也可由未曾使用过的节点 3 的两个平衡方程求出。

应注意到,由于原来的总刚阵是对称的,经以上改造后所得式(3-76)中的系数阵仍然是对称的。这是因为:在引入位移附加条件时,由式(3-71)导出式(3-74)是进行了有关列间的合并:把第 3 列乘以 $-b/a$ 并入第 4 列;而在引入与有附加关系的节点位移相对应的节点力的附加条件时,则由式(3-74)导出式(3-76)是进行了有关行间的合并:把第 3 行乘以 $-b/a$ 并入第 4 行;后面的行合并与前面的列合并是完全对称的,进而导致了改造后的方程系数阵仍然对称。

例 3.2　接触问题

解　在有限元法求解时会遇到如下常见的接触问题:物体 Ⅰ 和物体 Ⅱ,一开始是分离的,在受力的过程中,物体 Ⅱ 上的某点 l 与物体 Ⅰ 边界处的某单元的边界 mn 上某点发生光滑接触,如图 3-7(a)所示。这时,点 l 的节点位移 u_l 与节点 m 和 n 的节点位移 u_m 和 u_n 之间将有如下关系:

$$u_l = N_m(l)u_m + N_n(l)u_n \qquad (3\text{-}77)$$

其中 $N_m(l)$ 和 $N_n(l)$ 分别是节点 m 和 n 的插值基函数在节点 l 的取值。为叙述简单计,假设点 l 是物体 Ⅱ 上的网格节点。本式给出了节点位移 u_l 与 u_m 和 u_n 间的一个线性附加关系,在求解时,需在已形成的方程组中事先引入这样的附加关系。由于接触问题的算例不大好取非常少的节点,这里就不再像例 3.1 那样针对具体问题给出引入时的列式过程,只根据示意图对其过程按以下步骤进行叙述。

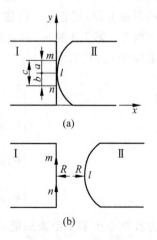

图 3-7　两物体接触

（1）在未引入附加关系前，两物体的网格各自独立剖分，但是二者的节点要统一编号。比如，物体Ⅰ和物体Ⅱ分别有 N_{p1} 和 N_{p2} 个节点，总共有 $N_p=N_{p1}+N_{p2}$ 个节点，物体Ⅰ的节点由1编到 N_{p1} 后，物体Ⅱ由 $N_{p1}+1$ 编到 N_p。在各自形成总刚阵和总载荷列阵后，总共有了 $2N_p$ 个方程，不过前 $2N_{p1}$ 个方程和后 $2N_{p2}$ 个是分立的，亦即前 N_{p1} 个节点的节点位移和后 N_{p2} 个节点的互不耦合，可各自独立求解。在两个物体接触以后，两个物体的解就不再独立，节点位移间有了式（3-77）这样的附加关系，在接触点处也有了相互作用的接触力 R（图3-7（b））。这时，可以把物体Ⅱ的节点 l 看作有了给定位移的边界条件，把物体Ⅱ的平衡方程组中的 u_l 用式（3-77）的右端代替，这些方程中便没有了 u_l，却有了 u_m 和 u_n，亦即在物体Ⅱ的平衡方程中也有了物体Ⅰ待求的节点位移。

（2）经过上一步的处理后，两物体的平衡方程已经有了耦合关系，同时，把两物体一起考虑时，$2N_p$ 个待求的节点位移中也少了一个 u_l，在用于求解节点位移的 $2N_p$ 个节点平衡方程中也需要去掉一个，并且去掉的应该是物体Ⅱ的节点 l 在 x 向的平衡方程 $\sum X=0$，因为在发生接触后，在节点 l 上有了沿 x 方向的接触力 R，应写入这一方程，但现在还尚属未知，无法考虑。

（3）在第2步中去掉的平衡方程，并非多余，需要用它来求接触力 R。根据式（3-69），这个平衡方程除了原来的 P_{xl} 和 F_{xl} 外，又多了接触力 R，新的方程应是：

$$P_{xl}+F_{xl}+R=0$$

由此，

$$R=-P_{xl}-F_{xl} \tag{3-78}$$

（4）把物体Ⅰ上的单元边界 mn 看作给定了边界力 R 的边界，并把由式（3-78）写出的 R 改变方向，按照下式的关系：

$$F_m=-RN_m(l), \quad F_n=-RN_n(l)$$

把它移置到节点 m 和 n 上。从式（3-78）知，其中的 P_{xl} 为已知数，而 F_{xl} 是物体Ⅱ上节点 l 和与 l 共单元的那些节点的节点位移的线性组合式。所以，把接触力 R 移置后在物体Ⅰ的节点 m 和 n 的平衡方程中也有了物体Ⅱ的节点位移，这就完成了两个物体的方程组间的完全耦合。

（5）求解以上耦合后的方程即可得两物体的节点位移。然后，再用式（3-78）还可求得它们之间的接触力 R。

以上引入待求节点位移附加方程的方法是准确的，且没有原来的罚函数法等乘大数后带来的方程系数阵性质变坏的问题。

前已述及，在引入一个节点位移的附加方程时，要先把方程中的某一节点位移分量表达为方程中其他节点位移分量的线性组合，组合中各项的系数反映了每一项对被表达的节点位移分量影响的权重，比如，在例3.2中的式（3-77）表示 u_m 和 u_n 对 u_l

影响的权重分别是 $N_m(l)$ 和 $N_n(l)$。另外,由以上两例可以看出,当某些节点位移分量之间有附加约束关系时,在有关节点之间必有与被约束的节点位移分量相对应的附加约束力存在。并且,前面也已经说明:在引入附加方程的第 1 步消去某一节点位移分量后,与这个节点位移分量对应的附加约束节点力可由与它对应的节点平衡方程求出,而此力应理解为由其他被约束节点施加给它的合力,反过来应该改变符号把它以不同的权重分别施加给其他节点。在前面的例题中,我们是根据具体的物理现象确定了所需的权重;不过,可以发现:这个附加约束节点力在其他被约束节点间的分配权重与那些节点对被消去的节点位移分量影响的权重是相同的,比如,在例 3.2 中接触力 R 在节点 m 和 n 的分配权重也分别是 $N_m(l)$ 和 $N_n(l)$,分别同于 u_m 和 u_n 对 u_l 影响的权重。另外,也可以看出,在引入一个节点位移的附加方程时,是在对已有的总刚阵实施一定的列合并,在分配并施加附加约束节点力时,是在对已有总刚阵实施一定的行合并,而以上分析的两类权重相同的现象必然导致这里所说的行合并和列合并是对称的,因此,改造后的总刚阵也就仍然是对称阵。实际上,根据弹性力学的功的互等定理,也必然会有这样的结果。

至此,我们可以总结出这样的规则:在引入节点位移附加方程时,可以不理会问题所涉及的物理含义,只需进行单纯数学意义的如下两步运算:①对每个附加方程选定要消去的节点位移分量,并按照方程内容把它代入有限元方程组时对总刚阵实施列合并;②只需再进行与列合并对称的行合并。利用这一规则,实施对附加方程的引入是很方便的。下面,在例 3.3 中将把这一规则用于处理结构中有部分保持刚体运动时的节点位移附加方程。

例 3.3　结构中含刚体问题

图 3-8 所示为一正方形平面结构:角点 4 有固定铰链支承,角点 1 在铅垂方向有弹簧支承,角点 2 有一水平集中力 P,材料的弹性模量为 E。为简单起见,取材料的泊松比 $\mu=0$;取正方形板的边长为 1m,厚度为 1m;求解时把结构仅分为两个 3 节点三角形单元如图示。另外,假设单元②保持刚体性质。试求结构各角点的位移、各单元应变和支座反力。

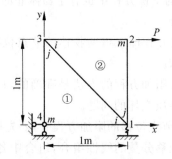

图 3-8　正方形平面结构

解 1) 建立结构的有限元方程

根据已知条件,若单元节点的局部编号如图所示,则由式(3-66)算出的两个单元的单元刚阵均为

$$
\boldsymbol{K}^e = \frac{E}{2}
\begin{bmatrix}
1 & 0 & 0 & 0 & -1 & 0 \\
0 & \frac{1}{2} & \frac{1}{2} & 0 & -\frac{1}{2} & -\frac{1}{2} \\
0 & \frac{1}{2} & \frac{1}{2} & 0 & -\frac{1}{2} & -\frac{1}{2} \\
0 & 0 & 0 & 1 & 0 & -1 \\
-1 & -\frac{1}{2} & -\frac{1}{2} & 0 & \frac{3}{2} & \frac{1}{2} \\
0 & -\frac{1}{2} & -\frac{1}{2} & -1 & \frac{1}{2} & \frac{3}{2}
\end{bmatrix}
\tag{3-79}
$$

把结构离散化后,可建立由 4 个节点的共 8 个平衡方程构成的方程组,方程组的系数阵(总刚阵)的元素,可根据各单元节点的局部编号与整体编号的对应关系,由各单元的单元刚阵元素叠加得到。由于唯一的载荷 P 加在了节点上,方程组的右端项(总载荷列阵)可直接写出。这样得到的方程组如下:

$$
\begin{bmatrix}
\frac{3E}{4} & 0 & -\frac{E}{4} & -\frac{E}{4} & 0 & \frac{E}{4} & -\frac{E}{2} & 0 \\
0 & \frac{3E}{4} & 0 & -\frac{E}{2} & \frac{E}{4} & 0 & -\frac{E}{4} & -\frac{E}{4} \\
-\frac{E}{4} & 0 & \frac{3E}{4} & \frac{E}{4} & -\frac{E}{2} & -\frac{E}{4} & 0 & 0 \\
-\frac{E}{2} & -\frac{E}{2} & \frac{E}{4} & \frac{3E}{4} & 0 & -\frac{E}{4} & 0 & 0 \\
0 & \frac{E}{4} & -\frac{E}{2} & 0 & \frac{3E}{4} & 0 & -\frac{E}{4} & -\frac{E}{4} \\
\frac{E}{4} & 0 & -\frac{E}{4} & -\frac{E}{4} & 0 & \frac{3E}{4} & 0 & -\frac{E}{2} \\
-\frac{E}{2} & -\frac{E}{4} & 0 & 0 & -\frac{E}{4} & 0 & \frac{3E}{4} & \frac{E}{4} \\
0 & -\frac{E}{4} & 0 & 0 & -\frac{E}{4} & -\frac{E}{2} & \frac{E}{4} & \frac{3E}{4}
\end{bmatrix}
\begin{bmatrix}
u_1 \\ v_1 \\ u_2 \\ v_2 \\ u_3 \\ v_3 \\ u_4 \\ v_4
\end{bmatrix}
=
\begin{bmatrix}
0 \\ R_{y1} \\ P \\ 0 \\ 0 \\ 0 \\ R_{x4} \\ R_{y4}
\end{bmatrix}
\tag{3-80}
$$

其中,R_{y1} 和 R_{x4}、R_{y4} 分别为节点 1 的弹簧支承和节点 4 的固定铰链支承的支反力。

2) 引入位移边界条件

在节点 4 的固定铰链处有边界条件:

$$
\begin{cases}
u_4 = 0 \\
v_4 = 0
\end{cases}
\tag{3-81}
$$

把式(3-81)中零节点位移的关系代入方程组(3-80)后,每个方程左端的后两项即消失,方程组中减少了两个未知量,求解时也可以省去两个方程。很显然,要去掉的应该是方程组的最后两个,因为这两个方程的右端项眼下还是未知的,在用余下的方程求出全部节点位移后,可以用这两个方程求出其右端的支反力。

在节点 1 的弹簧铰链处,有边界条件:

$$v_1 = -\frac{R_{y1}}{k} \quad \text{或} \quad R_{y1} = -kv_1 \tag{3-82}$$

其中 k 为弹簧常数。现在,把它代入方程组(3-80)的第 2 式消去 R_{y1}。

经过引入以上两项边界条件的处理,并为书写简单,将每个方程两端除以弹性模量 E 后,方程(3-80)中留下的 6 个方程将为

$$
\begin{bmatrix}
\frac{3}{4} & 0 & -\frac{1}{4} & -\frac{1}{4} & 0 & \frac{1}{4} \\
0 & \frac{3}{4}+\frac{k}{E} & 0 & -\frac{1}{2} & \frac{1}{4} & 0 \\
-\frac{1}{4} & 0 & \frac{3}{4} & \frac{1}{4} & -\frac{1}{2} & -\frac{1}{4} \\
-\frac{1}{4} & -\frac{1}{2} & \frac{1}{4} & \frac{3}{4} & 0 & -\frac{1}{4} \\
0 & \frac{1}{4} & -\frac{1}{2} & 0 & \frac{3}{4} & 0 \\
\frac{1}{4} & 0 & -\frac{1}{4} & -\frac{1}{4} & 0 & \frac{3}{4}
\end{bmatrix}
\begin{bmatrix}
u_1 \\ v_1 \\ u_2 \\ v_2 \\ u_3 \\ v_3
\end{bmatrix}
=
\begin{bmatrix}
0 \\ 0 \\ \dfrac{P}{E} \\ 0 \\ 0 \\ 0
\end{bmatrix}
\tag{3-83}
$$

3) 引入保持部分刚体运动条件

今假设单元②保持刚体运动。一个单元含有 3 个节点的共 6 个自由度,若保持刚体运动,独立的自由度只有 3 个:2 个线位移和 1 个转动的角位移。现在,取单元随节点 1 沿坐标 x,y 方向位移 u_1,v_1 和绕节点 1 的转角 θ 为独立自由度。在小位移情况下,θ 又可写为节点 1 和 2 沿 x 方向位移之差除以边 1—2 的边长,已知此边长为 1m,所以有 $\theta = u_2 - u_1$。至此已看出,可以取节点位移分量 u_1,v_1 和 u_2 为独立自由度,单元②的其他节点位移与它们的关系式即构成本单元的刚体运动条件:

$$
\begin{cases}
v_2 = v_1 \\
u_3 = u_1 + \theta*1 = u_1 + u_2 - u_1 = u_2 \\
v_3 = v_1 + \theta*1 = v_1 + u_2 - u_1
\end{cases}
\tag{3-84}
$$

现在,我们可以不再理会以上各式的物理含意,只把它们视为方程组(3-83)中待求节点位移分量的附加方程,把它引入式(3-83)的方程组时,根据前面总结的规则,只需进行单纯数学意义的以下两步运算。

第一步:把附加方程代入方程组,进行系数阵的列合并,即把第 6 列乘以 −1 并

入第 1 列,把第 4 和 6 两列并入第 2 列,再把第 5 和 6 两列并入第 3 列,之后得到

$$
\begin{bmatrix}
\dfrac{1}{2} & 0 & 0 \\[2mm]
0 & \dfrac{1}{4}+\dfrac{k}{E} & \dfrac{1}{4} \\[2mm]
0 & 0 & 0 \\[2mm]
0 & 0 & 0 \\[2mm]
0 & \dfrac{1}{4} & \dfrac{1}{4} \\[2mm]
-\dfrac{1}{2} & \dfrac{1}{2} & \dfrac{1}{2}
\end{bmatrix}
\begin{bmatrix} u_1 \\ v_1 \\ u_2 \end{bmatrix}
=
\begin{bmatrix} 0 \\ 0 \\ \dfrac{P}{E} \\ 0 \\ 0 \\ 0 \end{bmatrix}
\tag{3-85}
$$

第二步:对进行列合并后的方程组进行与列合并对称的行合并,即把第 6 行乘以 -1 并入第 1 行,把第 4 和 6 两行并入第 2 行,再把第 5 和 6 两行并入第 3 行,之后得到

$$
\begin{bmatrix}
1 & -\dfrac{1}{2} & -\dfrac{1}{2} \\[2mm]
-\dfrac{1}{2} & \dfrac{3}{4}+\dfrac{k}{E} & \dfrac{3}{4} \\[2mm]
-\dfrac{1}{2} & \dfrac{3}{4} & \dfrac{3}{4}
\end{bmatrix}
\begin{bmatrix} u_1 \\ v_1 \\ u_2 \end{bmatrix}
=
\begin{bmatrix} 0 \\ 0 \\ \dfrac{P}{E} \end{bmatrix}
\tag{3-86}
$$

4) 求解节点位移分量

求解式(3-86),可以得到 3 个节点位移分量:

$$
u_1=\frac{P}{E},\quad v_1=-\frac{P}{k},\quad u_2=\frac{P}{k}+2\frac{P}{E}
\tag{3-87}
$$

把以上结果代入部分刚体运动条件式(3-85),得到另外 3 个节点位移分量:

$$
v_2=-\frac{P}{k},\quad u_3=\frac{P}{k}+2\frac{P}{E},\quad v_3=\frac{P}{E}
\tag{3-88}
$$

节点 4 的位移已由式(3-81)给出。至此,全部节点位移分量均为已知。

5) 求单元应变

已知每个单元的节点位移分量后,利用前面的式(3-27)可以算其应变,这里将省略过程,只列出结果。

对单元①,根据节点局部编号与整体编号的对应关系,可知:

$$
\begin{cases}
u_i=\dfrac{P}{E}, & v_i=-\dfrac{P}{k} \\[2mm]
u_j=\dfrac{P}{k}+2\dfrac{P}{E}, & v_j=\dfrac{P}{E} \\[2mm]
u_m=0, & v_m=0
\end{cases}
\tag{3-89}
$$

把它们代入式(3-27),得到

$$\varepsilon_x = \frac{P}{E}, \quad \varepsilon_y = \frac{P}{E}, \quad \gamma_{xy} = 2\frac{P}{E} \tag{3-90}$$

对于单元②,有

$$\begin{cases} u_i = \dfrac{P}{k} + 2\dfrac{P}{E}, & v_i = \dfrac{P}{E} \\[2mm] u_j = \dfrac{P}{E}, & v_j = -\dfrac{P}{k} \\[2mm] u_m = \dfrac{P}{k} + 2\dfrac{P}{E}, & v_m = -\dfrac{P}{k} \end{cases} \tag{3-91}$$

把它们代入式(3-27),得到

$$\varepsilon_x = \varepsilon_y = \gamma_{xy} = 0 \tag{3-92}$$

6) 求支反力 R_{x4},和 R_{y4} 和 R_{y1}

把已求得的节点位移分量代入式(3-80)的后两式,即可算得 R_{x4} 和 R_{y4},它们的结果是

$$R_{x4} = -P, \quad R_{y4} = -P \tag{3-93}$$

将 v_1 的结果代入式(3-83),可得

$$R_{y1} = -kv_1 = -k\left(-\frac{P}{k}\right) = P \tag{3-94}$$

7) 讨论

由于所算结构非常简单,根据一般力学知识就可以看出所得结果合理、无误。这里指出以下几点:

(1) 单元②的应变分量全部为零,说明它保持刚体运动的条件已经被正确施加。

(2) 本例的结构是外力静定的,用静力学的方法很容易算出前面用固体力学有限元法得到的式(3-93)和式(3-94)那样的支反力结果,这也验证了前面的方法实施无误。

(3) 也因为所算结构是外力静定的,它的支反力与弹性支承的弹簧常数 k 没有关系,式(3-93)和式(3-94)验证了这一点;进而可知,弹簧常数的不同只可能影响到结构的位移,影响不了应变,式(3-87),式(3-90)和式(3-92)的结果也验证了这一点。

本章介绍的有限元直接节点平衡法的原理可以推广到固体力学各类问题中去,像板壳问题、物理非线性问题、几何非线性问题和动力学问题等。也可以把它推广到流体力学和热传导问题。起初,我们就是把它用于各种热传导问题,这时,为求节点温度要建立各节点的热平衡方程,事先须把热源的热量、给定热流边界的热量、由于温升吸收的热量、由单元传递的热量都向节点移置。总之,这种推演方法是普遍适用

的方法,并且突出物理概念,易于理解和记忆,再加上前面提到的那些优点,可以这样认为:这是很值得进一步在各应用领域去发展完善的方法。

在我国早期的有限元著作中①,也曾采用直接节点平衡的方法去写用以求解节点位移的代数方程组,突出了节点力的概念;不过,在推导单元刚阵和载荷的移植时仍然又回到了能量原理,也没有在引入节点位移附加方程时,继续利用这种推导方法所具有的优点。

---

① 华东水利学院.弹性力学问题的有限单元法[M].北京:水利出版社,1982.

第4章 空间问题的有限单元法

4.1 概述

固体力学中要解决的问题,多数都是空间问题或称三维问题,只是在几何形状与载荷满足一些条件时,可以简化为平面问题,有的也可以简化为一维问题,见第3章平面问题的有限单元法和第6章杆件问题的有限单元法。如果研究的问题不满足简化条件,或者简化后会导致计算误差增大,则必须按照三维问题处理。

本章的目的在于对弹性力学三维问题以及用有限单元法求解时的基本知识作些介绍,帮助读者用好有限元计算软件,解决工程实际问题。

4.1.1 三维问题的基本方程

在第2章里,已经介绍了弹性力学三维问题的基本物理量和基本方程,本章为了叙述方便,重新列出了空间问题的几何方程和物理方程。在空间直角坐标系里,基本物理量包括3个位移分量 u,v,w,6个应变分量 $\varepsilon_x,\varepsilon_y,\varepsilon_z,\gamma_{xy},\gamma_{yz},\gamma_{zx}$ 和6个应力分量 $\sigma_x,\sigma_y,\sigma_z,\tau_{xy},\tau_{yz},\tau_{zx}$。这些基本物理量可以写成向量形式如下:

$$\boldsymbol{\delta} = \begin{bmatrix} u \\ v \\ w \end{bmatrix} = \begin{bmatrix} u & v & w \end{bmatrix}^{\mathrm{T}} \tag{4-1}$$

应变列阵

$$\boldsymbol{\varepsilon} = \begin{bmatrix} \varepsilon_x \\ \varepsilon_y \\ \varepsilon_z \\ \gamma_{xy} \\ \gamma_{yz} \\ \gamma_{zx} \end{bmatrix} = \begin{bmatrix} \varepsilon_x & \varepsilon_y & \varepsilon_z & \gamma_{xy} & \gamma_{yz} & \gamma_{zx} \end{bmatrix}^{\mathrm{T}} \tag{4-2}$$

和应力列阵

$$\boldsymbol{\sigma} = \begin{bmatrix} \sigma_x \\ \sigma_y \\ \sigma_z \\ \tau_{xy} \\ \tau_{yz} \\ \tau_{zx} \end{bmatrix} = \begin{bmatrix} \sigma_x & \sigma_y & \sigma_z & \tau_{xy} & \tau_{yz} & \tau_{zx} \end{bmatrix}^{\mathrm{T}} \tag{4-3}$$

下面给出这些物理量应满足的基本方程,包括几何方程和物理方程。结果如下。

几何方程

$$\begin{cases} \varepsilon_x = \dfrac{\partial u}{\partial x}, \quad \varepsilon_y = \dfrac{\partial v}{\partial y}, \quad \varepsilon_z = \dfrac{\partial w}{\partial z} \\ \gamma_{xy} = \dfrac{\partial u}{\partial y} + \dfrac{\partial v}{\partial x}, \quad \gamma_{yz} = \dfrac{\partial v}{\partial z} + \dfrac{\partial w}{\partial y}, \quad \gamma_{zx} = \dfrac{\partial w}{\partial x} + \dfrac{\partial u}{\partial z} \end{cases} \tag{4-4}$$

上式也可以写成矩阵形式

$$\boldsymbol{\varepsilon} = \begin{bmatrix} \varepsilon_x \\ \varepsilon_y \\ \varepsilon_z \\ \gamma_{xy} \\ \gamma_{yz} \\ \gamma_{zx} \end{bmatrix} = \begin{bmatrix} \dfrac{\partial}{\partial x} & 0 & 0 \\ 0 & \dfrac{\partial}{\partial y} & 0 \\ 0 & 0 & \dfrac{\partial}{\partial z} \\ \dfrac{\partial}{\partial y} & \dfrac{\partial}{\partial x} & 0 \\ 0 & \dfrac{\partial}{\partial z} & \dfrac{\partial}{\partial y} \\ \dfrac{\partial}{\partial z} & 0 & \dfrac{\partial}{\partial x} \end{bmatrix} \begin{bmatrix} u \\ v \\ w \end{bmatrix} = \boldsymbol{L\delta} \tag{4-5}$$

其中

$$\boldsymbol{L} = \begin{bmatrix} \dfrac{\partial}{\partial x} & 0 & 0 \\ 0 & \dfrac{\partial}{\partial y} & 0 \\ 0 & 0 & \dfrac{\partial}{\partial z} \\ \dfrac{\partial}{\partial y} & \dfrac{\partial}{\partial x} & 0 \\ 0 & \dfrac{\partial}{\partial z} & \dfrac{\partial}{\partial y} \\ \dfrac{\partial}{\partial z} & 0 & \dfrac{\partial}{\partial x} \end{bmatrix} \tag{4-6}$$

称为算子矩阵。矩阵相乘中,微分算子和某个矩阵元素相乘意味着该算子作用在这个矩阵元素上。

物理方程

$$\begin{cases} \sigma_x = \dfrac{E}{(1+\mu)(1-2\mu)}\left[(1-\mu)\varepsilon_x + \mu\varepsilon_y + \mu\varepsilon_z\right] \\[2mm] \sigma_y = \dfrac{E}{(1+\mu)(1-2\mu)}\left[\mu\varepsilon_x + (1-\mu)\varepsilon_y + \mu\varepsilon_z\right] \\[2mm] \sigma_z = \dfrac{E}{(1+\mu)(1-2\mu)}\left[\mu\varepsilon_x + \mu\varepsilon_y + (1-\mu)\varepsilon_z\right] \\[2mm] \tau_{xy} = \dfrac{E}{2(1+\mu)}\gamma_{xy}, \quad \tau_{yz} = \dfrac{E}{2(1+\mu)}\gamma_{yz}, \quad \tau_{zx} = \dfrac{E}{2(1+\mu)}\gamma_{zx} \end{cases} \tag{4-7}$$

其中,E 和 μ 分别为材料的弹性模量和泊松比,此处,采用了用应变表示应力的形式。

将式(4-7)写成矩阵形式,有

$$\begin{bmatrix} \sigma_x \\ \sigma_y \\ \sigma_z \\ \tau_{xy} \\ \tau_{yz} \\ \tau_{zx} \end{bmatrix} = \frac{E}{(1+\mu)(1-2\mu)} \begin{bmatrix} 1-\mu & \mu & \mu & 0 & 0 & 0 \\ \mu & 1-\mu & \mu & 0 & 0 & 0 \\ \mu & \mu & 1-\mu & 0 & 0 & 0 \\ 0 & 0 & 0 & \dfrac{1-2\mu}{2} & 0 & 0 \\ 0 & 0 & 0 & 0 & \dfrac{1-2\mu}{2} & 0 \\ 0 & 0 & 0 & 0 & 0 & \dfrac{1-2\mu}{2} \end{bmatrix} \begin{bmatrix} \varepsilon_x \\ \varepsilon_y \\ \varepsilon_z \\ \gamma_{xy} \\ \gamma_{yz} \\ \gamma_{zx} \end{bmatrix} \tag{4-8}$$

或简写为

$$\boldsymbol{\sigma} = \boldsymbol{D}\boldsymbol{\varepsilon} \tag{4-9}$$

其中

$$\boldsymbol{D} = \frac{E}{(1+\mu)(1-2\mu)} \cdot \begin{bmatrix} 1-\mu & \mu & \mu & 0 & 0 & 0 \\ \mu & 1-\mu & \mu & 0 & 0 & 0 \\ \mu & \mu & 1-\mu & 0 & 0 & 0 \\ 0 & 0 & 0 & \dfrac{1-2\mu}{2} & 0 & 0 \\ 0 & 0 & 0 & 0 & \dfrac{1-2\mu}{2} & 0 \\ 0 & 0 & 0 & 0 & 0 & \dfrac{1-2\mu}{2} \end{bmatrix} \tag{4-10}$$

叫做弹性矩阵。

4.1.2　常用的三维单元

　　求解三维问题时,需要采用三维单元,相应地要采用三维的位移插值函数。可以通过两种方法构造三维单元的形函数,一种是假设位移模式利用节点位移建立求解待定参数的方程组确定待定参数,再将待定参数代入位移模式确定形函数,另一种是采用形函数的性质直接构造。对于空间问题,由于节点个数和节点自由度的增加,采用第一种方法构造形函数,代数方程组的阶数会随自由度增加急剧增加,增大了求解难度,通常利用形函数本点为 1 他点为 0 的性质直接构造。

　　求解三维问题,需要解决好降低计算规模和提高计算精度方面的问题。解决降低计算规模和提高计算精度问题,需要了解清楚单元的性质,计算实践表明,获得同样的计算精度的计算量可能会有较大的差别,根据具体问题合理选用好单元对于提高计算精度和降低计算规模十分重要。

　　空间单元按照插值函数的次数划分有线性单元和二次单元,按照形状划分有空间四面体单元、空间五面体单元和空间六面体单元。在空间问题用到的单元有四面体 4 节点线性单元和四面体 10 节点二次单元,五面体 6 节点线性单元和五面体 15 节点二次单元,六面体 8 节点线性单元和六面体 20 节点二次单元。四面体单元、直六面体单元、五面体棱柱单元和曲边六面体单元,如图 4-1 所示。

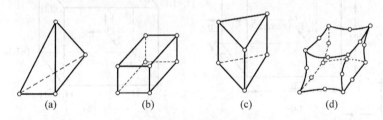

图 4-1　空间单元

(a) 四面体单元；(b) 直六面体单元；(c) 五面体棱柱单元；(d) 曲边六面体单元

　　四面体单元的优点是节点自由度数目少,能够适应比较复杂的几何形状,但是计算精度不高,提高计算精度需要通过增加单元数量才行,构造形函数需要通过体积坐标进行构造。直六面体单元与五面体三棱柱单元的优点是可以提高计算精度,但是只适用规则几何形状的结构,用于几何形状复杂的工程结构还比较困难。曲边六面体单元的表面既可以是曲面,也可以是平面,所以能较方便地模拟复杂的工程结构,而且形函数可以通过无量纲坐标构造,相对方便,虽然单元的节点自由度较高,但是计算精度也高,用途广泛,而且,多数空间接触问题中要求使用有中节点的 20 节点六面体单元。

4.2 8 节点六面体单元

4.2.1 单元的局部坐标和坐标变换

图 4-2(a)所示为平行六面体单元在总体坐标系中的情况,设其边长为 $2a$,$2b$ 与 $2c$,形心坐标为(x_0,y_0,z_0),局部坐标为

$$\begin{cases} \xi = \dfrac{x-x_0}{a} \\[2mm] \eta = \dfrac{y-y_0}{b} \\[2mm] \zeta = \dfrac{z-z_0}{c} \end{cases} \tag{4-11}$$

它们是无量纲坐标,且此六面体单元在局部坐标系中将是边长为 2 的正立方体单元,坐标原点在单元中心,如图 4-2(b)所示。取各顶点为节点,它就是具有 8 个节点的空间线性单元。

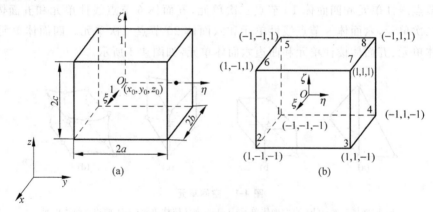

图 4-2 六面体单元的坐标变换
(a) 总体坐标系中的六面体单元;(b) 局部坐标系中的六面体单元

4.2.2 单元位移插值函数

在局部坐标系中单元内任一点的位移插值函数可用下式表示:

$$\begin{cases} u = \displaystyle\sum_{i=1}^{8} N_i(\xi,\eta,\zeta)u_i \\[2mm] v = \displaystyle\sum_{i=1}^{8} N_i(\xi,\eta,\zeta)v_i \\[2mm] w = \displaystyle\sum_{i=1}^{8} N_i(\xi,\eta,\zeta)w_i \end{cases} \tag{4-12}$$

式中 u_i, v_i, w_i 分别为第 i 节点在整体坐标 x, y, z 方向的位移分量，$N_i(\xi, \eta, \zeta)$ 为第 i 节点位移分量对应的形函数，将式(4-12)写成矩阵形式，得到

$$u = \begin{bmatrix} u \\ v \\ w \end{bmatrix} = \begin{bmatrix} N_1 & 0 & 0 & N_2 & \cdots & 0 \\ 0 & N_1 & 0 & 0 & \cdots & 0 \\ 0 & 0 & N_1 & 0 & \cdots & N_8 \end{bmatrix} \begin{bmatrix} u_1 \\ v_1 \\ w_1 \\ \vdots \\ u_8 \\ v_8 \\ w_8 \end{bmatrix} = N\delta^e \tag{4-13}$$

式中 u 为单元内任一点的位移列阵，

$$N = \begin{bmatrix} N_1 & 0 & 0 & N_2 & 0 & 0 & \cdots & 0 \\ 0 & N_1 & 0 & 0 & N_2 & 0 & \cdots & 0 \\ 0 & 0 & N_1 & 0 & 0 & N_2 & \cdots & N_8 \end{bmatrix} \tag{4-14}$$

式(4-14)为形函数矩阵。

$$\delta^e = \begin{bmatrix} u_1 & v_1 & w_1 & u_2 & v_2 & w_2 & \cdots & w_8 \end{bmatrix}^T \tag{4-15}$$

式(4-15)为单元节点位移列阵。

下面给出形函数的表达式。由第 3 章中关于形函数的讨论可知，形函数具有本点为 1、他点为 0 以及形函数的和为 1 的性质，即

$$N_i(\xi_j, \eta_j, \zeta_j) = \begin{cases} 1, & i = j \\ 0, & i \neq j \end{cases}, \quad i, j = 1, 2, \cdots, 8 \tag{4-16}$$

构造形函数可以分别构造分子和分母，使分子满足他点为 0 的条件，分母取为分子在本点的取值，以此种方法构造的形函数满足本点为 1、他点为 0 以及形函数的和为 1 的性质。

设

$$N_i(\xi, \eta, \zeta) = \frac{f(\xi, \eta, \zeta)}{f_i(\xi, \eta, \zeta)}, \quad i = 1, 2, \cdots, 8 \tag{4-17}$$

对于 $i=1$，取

$$f(\xi, \eta, \zeta) = (1-\xi)(1-\eta)(1-\zeta)$$

显然，该函数满足他点为 0 的条件，分母取为该函数在 1 点的取值，将 $\xi_1 = -1, \eta_1 = -1, \zeta_1 = -1$ 代入上式，有

$$f_1(\xi, \eta, \zeta) = 2 \times 2 \times 2$$

再将 $f(\xi, \eta, \zeta)$ 和 $f_1(\xi, \eta, \zeta)$ 代入式(4-17)，得到

$$N_1(\xi, \eta, \zeta) = \frac{(1-\xi)}{2} \frac{(1-\eta)}{2} \frac{(1-\zeta)}{2} \tag{4-18}$$

式(4-18)可进一步写成

$$N_1(\xi,\eta,\zeta) = \frac{1+\xi_1\xi}{2}\frac{1+\eta_1\eta}{2}\frac{1+\zeta_1\zeta}{2}$$

仿照 N_1 的构造方法,可以构造图 4-2(b)所示单元的形函数如下:

$$N_i(\xi,\eta,\zeta) = \frac{1}{8}(1+\xi_i\xi)(1+\eta_i\eta)(1+\zeta_i\zeta), \quad i=1,2,\cdots,8 \tag{4-19}$$

其中 ξ_i,η_i,ζ_i 为节点 i 在局部坐标系中的坐标值。

可以验证,式(4-19)的形函数满足本点为 1、他点为 0 和形函数和为 1 的性质。

4.2.3　单元刚度矩阵

有了单元位移插值函数后,就可以按第 3 章节点平衡的方法推导单元刚度矩阵,形如下式:

$$\boldsymbol{K}^e = \iiint_{v_e} \boldsymbol{B}^{\mathrm{T}}\boldsymbol{D}\boldsymbol{B}\,\mathrm{d}V \tag{4-20}$$

其中 $\boldsymbol{B}$ 称为单元的几何矩阵,

$$\boldsymbol{B} = \boldsymbol{L}\boldsymbol{N} \tag{4-21}$$

上式中 $\boldsymbol{L}$ 为算子矩阵,见式(4-6),$\boldsymbol{N}$ 为形函数矩阵,见式(4-14)。

如上述,$\boldsymbol{B}$ 为 6 行 24 列的矩阵,并且,其元素是单元局部坐标的函数,所以,式(4-20)中被积函数中三个矩阵相乘的结果是 24 行 24 列的矩阵,并且其元素也是单元局部坐标的函数。当对式(4-20)进行积分时,积分元素和积分限应该表示为局部坐标,显然 $\mathrm{d}V=\mathrm{d}x\mathrm{d}y\mathrm{d}z$,由局部坐标和整体坐标关系式(4-11)可知,$\mathrm{d}x=a\mathrm{d}\xi$,$\mathrm{d}y=b\mathrm{d}\eta$,$\mathrm{d}z=c\mathrm{d}\zeta$,所以

$$\mathrm{d}V = abc\,\mathrm{d}\xi\mathrm{d}\eta\mathrm{d}\zeta$$

积分限各坐标方向均应由 -1 到 $+1$,所以,式(4-20)可以写为

$$\boldsymbol{K}^e = \int_{-1}^{1}\int_{-1}^{1}\int_{-1}^{1}\boldsymbol{B}^{\mathrm{T}}\boldsymbol{D}\boldsymbol{B}\,(abc)\,\mathrm{d}\xi\mathrm{d}\eta\mathrm{d}\zeta \tag{4-22}$$

得到单元刚度矩阵以后,可以仿照平面问题的有限单元法,通过节点平衡方程构造总体刚度方程,引入相关的附加方程,形成求解节点位移的线性代数方程组。

4.3　8 节点直边任意六面体单元

本节介绍一个形状更一般的六面体单元。它在整体坐标系中的位置如图 4-3(a)所示。这里仍取 8 个顶点为节点,由于要用这 8 个节点的坐标完全确定单元的几何形状,单元的各棱边也必须是直线,因此称为 8 节点直边任意六面体单元。

4.3.1　单元的局部坐标和坐标变换

单元的局部坐标采用 ξ,η,ζ 表示。各坐标轴的方位如图 4-3(b)所示。局部坐标

按照如下的取法,单元的后面和前面分别为 $\xi=-1$ 和 1 的坐标面,单元的左面和右面分别为 $\eta=-1$ 和 1 的坐标面,单元的下面和上面分别为 $\zeta=-1$ 和 1 的坐标面。如果将坐标系画成直角坐标系,单元在这个坐标系中为坐标原点在中心,边长为 2 的立方体,各节点的坐标可以从图中看出,例如节点 3 的局部坐标为 $\xi=1$,$\eta=1$,$\zeta=-1$。显然,与图 4-2(b) 的单元具有相同的形状与坐标。对单元任意点,整体坐标和局部坐标间的变换关系如下:

$$\begin{cases} x = \sum_{i=1}^{8} N_i(\xi,\eta,\zeta) x_i \\[2mm] y = \sum_{i=1}^{8} N_i(\xi,\eta,\zeta) y_i \\[2mm] z = \sum_{i=1}^{8} N_i(\xi,\eta,\zeta) z_i \end{cases} \qquad (4\text{-}23)$$

其中,x_i,y_i,z_i 分别为节点 $i(i=1,2,\cdots,8)$ 的 x,y,z 坐标,

$$N_i(\xi,\eta,\zeta) = \frac{1}{8}(1+\xi_i\xi)(1+\eta_i\eta)(1+\zeta_i\zeta), \quad i=1,2,\cdots,8 \qquad (4\text{-}24)$$

上式中,ξ,η,ζ 和 ξ_i,η_i,ζ_i 分别为单元的局部坐标和节点的局部坐标值。

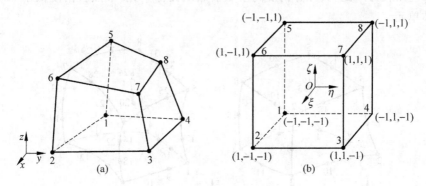

图 4-3　8 节点直边任意六面体单元

(a) 总体坐标系中的任意六面体单元;(b) 局部坐标系中的六面体单元

应该说明,这里我们不再介绍如何根据局部坐标设置的几何意图去推导坐标变换关系式(4-23),读者可以代入特殊点的坐标值去验证它的正确性。比如,代入诸节点的局部坐标值,由式(4-23)一起算出它们的整体坐标值。不难看出,式(4-24)给出的坐标插值函数 $N_i(\xi,\eta,\zeta)$ 满足本点为 1、他点为 0 以及和为 1 的条件。

4.3.2　单元位移插值函数

采用上述局部坐标的主要目的是用它来写位移插值函数,其函数形式原则上也可用式(4-12)表示,其中的形函数 $N_i(\xi,\eta,\zeta)$ 可用式(4-19)表示,这是因为此处变到

局部坐标系里的单元图 4-3(b)和图 4-2(b)的单元是一样的,并且取的节点数目和位置也相同。这里,读者也可以体会到采用上述局部坐标系的好处。再对比式(4-12)和式(4-23),以及式(4-19)和式(4-24),可以看出,单元整体坐标的计算不仅采取了插值函数的形式,也同位移场插值函数采用了完全相同的形函数,并取同等数目的节点值作为参数。所以本单元也是等参数元。

构造一种单元主要是推导出位移插值函数,之后列式过程都非常相似。需要说明,与直六面体单元相比,任意直边六面体单元的坐标变换关系式(4-23)要复杂一些。

4.4 20 节点曲边六面体单元

在解决实际工程问题中,往往采用曲边六面体单元,如图 4-4 所示,图 4-4(a)为 20 节点六面体曲面单元,除顶点外,每条棱边上增加一个节点,用一条二次曲线来拟合,单元具有 20 个节点,图 4-4(b)为 32 节点六面体曲面单元,每条棱边线上增加两个节点,用一条三次曲线来拟合,单元具有 32 个节点。在实际应用中,20 节点六面体单元应用较为广泛,其计算精度高于 8 节点六面体单元,节点自由度低于 32 节点六面体单元。

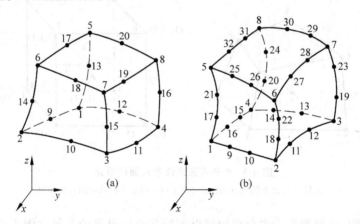

图 4-4 空间六面体单元

(a) 20 节点六面体曲面单元; (b) 32 节点曲面六面体曲面单元

以下介绍 20 节点六面体曲面单元,仅限于坐标变换和单元位移插值函数。

4.4.1 单元的局部坐标和坐标变换

将图 4-4(a)所示的 20 节点曲边六面体单元变换到局部坐标系中,也应使六个面分别为 $\xi=-1,\xi=1,\eta=-1,\eta=1,\zeta=-1$ 和 $\zeta=1$ 的坐标面,如果把局部坐标也按照直角坐标系画,单元就如图 4-5 所示,是边长为2 的正六面体,各顶角节点的局部坐标取值为 1 或 -1,例如节点 3 的局部坐标也为 $(1,1,-1)$。

仿照位移插值函数的作法,将局部坐标和整体坐标间的变换关系也写成插值函数的形式,即将单元内一点的整体坐标用单元节点坐标表示,其表达式可写为

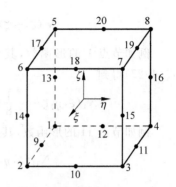

图 4-5　局部坐标系中的 20 节点六面体单元

$$\begin{cases} x = \sum_{i=1}^{20} N_i(\xi,\eta,\zeta)x_i \\ y = \sum_{i=1}^{20} N_i(\xi,\eta,\zeta)y_i \\ z = \sum_{i=1}^{20} N_i(\xi,\eta,\zeta)z_i \end{cases} \quad (4\text{-}25)$$

其中,$x_i,y_i,z_i(i=1,2,\cdots,20)$ 分别为节点 i 的坐标,$N_i(\xi,\eta,\zeta)(i=1,2,\cdots,20)$ 为插值基函数。如果在上式中代入任意节点处的局部坐标值,可以计算出该节点的整体坐标,这就要求插值基函数具备如下性质:

$$N_i(\xi_j,\eta_j,\zeta_j) = \begin{cases} 1, & i=j \\ 0, & i \neq j \end{cases}, \quad i,j=1,2,\cdots,20 \quad (4\text{-}26)$$

根据形函数的性质,可以构造具有中节点的 20 节点三维六面体二次单元的插值函数。构造方法为:①按照 8 节点三维六面体线性单元形函数构造方法(见式(4-17)),先构造没有边中节点时角节点的插值函数,包括分子和分母;②再构造边中节点的插值函数,包括分子和分母;③将有边中节点时角节点的插值函数写成没有边中节点时角节点插值函数与边中节点插值函数的线性组合,利用形函数本点为 1 他点为 0 的性质求出待定系数,最终得到角节点的插值函数。20 节点插值基函数的结果如下。

对于角节点,$i=1,2,\cdots,8$,

$$N_i(\xi,\eta,\zeta) = \frac{1}{8}(1+\xi_i\xi)(1+\eta_i\eta)(1+\zeta_i\zeta)(\xi_i\xi+\eta_i\eta+\zeta_i\zeta-2), \quad i=1,2,\cdots,8$$

$$(4\text{-}27)$$

对于 $\xi=0$ 的边中节点,$i=9,11,17,19$

$$N_i(\xi,\eta,\zeta) = \frac{1}{4}(1-\xi^2)(1+\eta_i\eta)(1+\zeta_i\zeta) \quad (4\text{-}28)$$

对于 $\eta=0$ 的边中节点,$i=10,12,18,20$

$$N_i(\xi,\eta,\zeta) = \frac{1}{4}(1-\eta^2)(1+\xi_i\xi)(1+\zeta_i\zeta) \quad (4\text{-}29)$$

对于 $\zeta=0$ 的边中节点,$i=13,14,15,16$

$$N_i(\xi,\eta,\zeta) = \frac{1}{4}(1-\zeta^2)(1+\xi_i\xi)(1+\eta_i\eta) \tag{4-30}$$

例如节点 1 的形函数，其坐标为 $\xi_1 = -1$，$\eta_1 = -1$，$\zeta_1 = -1$，代入形函数表达式(4-27)得到

$$N_1(\xi,\eta,\zeta) = \frac{1}{8}(1-\xi)(1-\eta)(1-\zeta)(-\xi-\eta-\zeta-2)$$

例如节点 11 的形函数，其坐标为 $\xi_{11}=0$，$\eta_{11}=1$，$\zeta_{11}=-1$，代入式(4-28)得到

$$N_{11}(\xi,\eta,\zeta) = \frac{1}{4}(1-\xi^2)(1+\eta)(1-\zeta)$$

4.4.2　单元的位移插值函数

根据等参元的原理，用局部坐标写的位移插值函数与决定单元形状整体坐标的插值函数采用相同的插值基函数。因此，位移插值函数可以写为

$$\begin{cases} u = \sum\limits_{i=1}^{20} N_i(\xi,\eta,\zeta)u_i \\[2mm] v = \sum\limits_{i=1}^{20} N_i(\xi,\eta,\zeta)v_i \\[2mm] w = \sum\limits_{i=1}^{20} N_i(\xi,\eta,\zeta)w_i \end{cases} \tag{4-31}$$

其中的插值基函数(或形函数)也如式(4-27)～式(4-30)所定义，u_i，v_i，w_i($i=1$，$2,\cdots,20$)是各节点处的三个位移分量。

式(4-31)也可写成矩阵形式

$$\boldsymbol{u} = \begin{bmatrix} u \\ v \\ w \end{bmatrix} = \begin{bmatrix} N_1 & 0 & 0 & N_2 & \cdots & 0 \\ 0 & N_1 & 0 & 0 & \cdots & 0 \\ 0 & 0 & N_1 & 0 & \cdots & N_{20} \end{bmatrix} \begin{bmatrix} u_1 \\ v_1 \\ w_1 \\ \vdots \\ u_{20} \\ v_{20} \\ w_{20} \end{bmatrix} = \boldsymbol{N}\boldsymbol{\delta}^e \tag{4-32}$$

$$\boldsymbol{N} = \begin{bmatrix} N_1 & 0 & 0 & N_2 & \cdots & 0 \\ 0 & N_1 & 0 & 0 & \cdots & 0 \\ 0 & 0 & N_1 & 0 & \cdots & N_{20} \end{bmatrix} \tag{4-33}$$

为形函数矩阵。

$$\boldsymbol{\delta}^e = \begin{bmatrix} u_1 & v_1 & w_1 & u_2 & \cdots & w_{20} \end{bmatrix}^T \tag{4-34}$$

为单元节点位移列阵。

板壳问题的有限单元法

5.1 薄板弯曲问题的基本方程

5.1.1 几何方程

对于薄板弯曲问题,广义位移为中面挠度 $w(x,y)$;广义应变为中面沿坐标 x,y 方向的曲率 $\eta_x(x,y),\eta_y(x,y)$ 和扭率 $\eta_{xy}(x,y)$,把它们写成列阵,有

$$\boldsymbol{\varepsilon} = \begin{bmatrix} \eta_x & \eta_y & \eta_{xy} \end{bmatrix}^{\mathrm{T}}$$

它们与广义位移 w 间的关系就是薄板的几何方程:

$$\boldsymbol{\varepsilon} = \begin{bmatrix} -\dfrac{\partial^2 w}{\partial x^2} & -\dfrac{\partial^2 w}{\partial y^2} & -2\dfrac{\partial^2 w}{\partial x \partial y} \end{bmatrix}^{\mathrm{T}} \tag{5-1}$$

5.1.2 物理方程

薄板弯曲问题的广义应力为横截面上的弯矩 $M_x(x,y)$,$M_y(x,y)$ 和扭矩 $M_{xy}(x,y)$,把它们写成列阵,有

$$\boldsymbol{\sigma} = \begin{bmatrix} M_x & M_y & M_{xy} \end{bmatrix}^{\mathrm{T}} \tag{5-2}$$

广义应力与广义应变间的关系就是薄板的物理方程:

$$\boldsymbol{\sigma} = \boldsymbol{D}\boldsymbol{\varepsilon} \tag{5-3}$$

这里,

$$\boldsymbol{D} = \frac{Eh^3}{12(1-\mu^2)} \begin{bmatrix} 1 & \mu & 0 \\ \mu & 1 & 0 \\ 0 & 0 & \dfrac{1-\mu}{2} \end{bmatrix} \tag{5-4}$$

其中,E 和 μ 分别为材料的弹性模量和泊松比,h 为板的厚度。

5.1.3 平衡方程

薄板单元体可利用的 3 个平衡方程为

$$\begin{cases} \dfrac{\partial Q_x}{\partial x} + \dfrac{\partial Q_y}{\partial y} + q = 0 \\[2mm] Q_x = \dfrac{\partial M_x}{\partial x} + \dfrac{\partial M_{xy}}{\partial y} \\[2mm] Q_y = \dfrac{\partial M_{xy}}{\partial x} + \dfrac{\partial M_y}{\partial y} \end{cases} \tag{5-5}$$

这里，Q_x，Q_y 为板横截面上的剪力，q 为板中面上的法向面力集度。求解中总是先把式(5-5)的后面两个式子代入第一式，消去 Q_x 和 Q_y，得到

$$\frac{\partial^2 M_x}{\partial x^2} + \frac{\partial^2 M_{xy}}{\partial x \partial y} + \frac{\partial^2 M_y}{\partial y^2} + q = 0 \tag{5-6}$$

5.2　薄板弯曲问题有限元列式的推导

5.2.1　单元位移插值函数

这里，独立的位移分量只有挠度 $w(x,y)$。以图 5-1 所示三角形单元为例，取三角形顶点 i,j,m 为节点，取各节点的挠度 w_i,w_j,w_m，绕 x 轴的转角 $\theta_{xi},\theta_{xj},\theta_{xm}$ 和绕 y 轴的转角 $\theta_{yi},\theta_{yj},\theta_{ym}$ 为节点位移参数，把它们排在一个列阵里，有

$$\boldsymbol{\delta}^e = \begin{bmatrix} w_i & \theta_{xi} & \theta_{yi} & w_j & \theta_{xj} & \theta_{yj} & w_m & \theta_{xm} & \theta_{ym} \end{bmatrix}^T \tag{5-7}$$

其位移插值函数可写为

$$\begin{aligned} w = \ & N_i w_i + N_{xi}\theta_{xi} + N_{yi}\theta_{yi} + N_j w_j + N_{xj}\theta_{xj} \\ & + N_{yj}\theta_{yj} + N_m w_m + N_{xm}\theta_{xm} + N_{ym}\theta_{ym} \\ = \ & \boldsymbol{N}\boldsymbol{\delta}^e \end{aligned} \tag{5-8}$$

其中，$\boldsymbol{N}$ 为由插值基函数组成的列阵

$$\boldsymbol{N} = \begin{bmatrix} N_i & N_{xi} & N_{yi} & N_j & N_{xj} & N_{yj} & N_m & N_{xm} & N_{ym} \end{bmatrix} \tag{5-9}$$

插值基函数的推导和它们的性质可参阅已有的有限元法书籍。

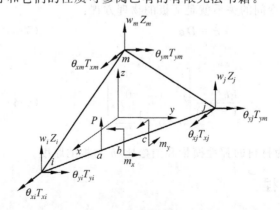

图 5-1　板的位移与受力

5.2.2 位移插值函数的某些性质

根据收敛条件的要求,位移插值函数应有反映单元刚体位移的能力,亦即当单元发生任意刚体位移时,在单元的任意点处,由位移插值函数算出的位移分量应该就是该点应具有的,这是收敛条件中完备性要求的内容(以下简称"完备要求")。要满足这里说的完备要求,插值基函数间就必须满足一些数学关系,我们笼统地称这些关系属于插值函数应具备的性质。下面推导这些数学关系,以后要用到它们。

单元任意的刚体位移,可以由其沿 z 坐标轴的平动与分别绕 x 坐标轴和 y 坐标轴的转动三个分量组成,以下分别计算单元内任一点 $p(x_p, y_p)$ 在这三个分量下沿 z 轴的移动与法线绕 x 轴和 y 轴的转动,看一看要求位移插值函数满足上述完备要求时,插值基函数应满足的数学关系。

1) 计算任一点 p 沿 z 轴的位移 w_p

(1) 在单元沿 z 轴刚体平动 w_0 时

这时,点 p 沿 z 轴的位移应为

$$w_p = w_0 \tag{5-10}$$

同时,单元的各个节点位移为

$$\begin{cases} w_i = w_j = w_m = w_0 \\ \theta_{xi} = \theta_{xj} = \theta_{xm} = \theta_{yi} = \theta_{yj} = \theta_{ym} = 0 \end{cases} \tag{5-11}$$

将以上节点位移代入位移插值函数算得点 p 沿 z 轴的位移为

$$w_p = N_i w_0 + N_j w_0 + N_m w_0 + 0 = (N_i + N_j + N_m) w_0 \tag{5-12}$$

按照前面说的完备要求,式(5-10)和式(5-12)应得相同结果,亦即要求

$$(N_i + N_j + N_m) w_0 = w_0 \tag{5-13}$$

因此得

$$N_i + N_j + N_m = 1 \tag{5-14}$$

(2) 在单元绕 x 轴刚体转动 θ_{x0} 时

这时,点 p 沿 z 轴的位移为

$$w_p = \theta_{x0} y_p \tag{5-15}$$

同时,单元的各个节点位移为

$$\begin{cases} w_i = \theta_{x0} y_i \\ w_j = \theta_{x0} y_j \\ w_m = \theta_{x0} y_m \\ \theta_{xi} = \theta_{xj} = \theta_{xm} = \theta_{x0} \\ \theta_{yi} = \theta_{yj} = \theta_{ym} = 0 \end{cases} \tag{5-16}$$

将以上节点位移代入位移插值函数算得点 p 沿 z 轴的位移为

$$w_p = N_i y_i \theta_{x0} + N_j y_j \theta_{x0} + N_m y_m \theta_{x0} + N_{xi} \theta_{x0} + N_{xj} \theta_{x0} + N_{xm} \theta_{x0} + 0$$

$$= (N_i y_i + N_j y_j + N_m y_m + N_{xi} + N_{xj} + N_{xm}) \theta_{x0} \tag{5-17}$$

按照前面说的完备要求,式(5-15)和式(5-17)应得相同结果,亦即要求

$$y_p \theta_{x0} = (N_i y_i + N_j y_j + N_m y_m + N_{xi} + N_{xj} + N_{xm}) \theta_{x0} \tag{5-18}$$

因此得

$$y_p = N_i y_i + N_j y_j + N_m y_m + N_{xi} + N_{xj} + N_{xm} \tag{5-19}$$

(3) 在单元绕 y 轴刚体转动 θ_{y0} 时

这时,点 p 沿 z 轴的位移为

$$w_p = -\theta_{y0} x_p \tag{5-20}$$

同时,单元的各个节点位移为

$$\begin{cases} w_i = -\theta_{y0} x_i \\ w_j = -\theta_{y0} x_j \\ w_m = -\theta_{y0} x_m \\ \theta_{xi} = \theta_{xj} = \theta_{xm} = 0 \\ \theta_{yi} = \theta_{yj} = \theta_{ym} = \theta_{y0} \end{cases} \tag{5-21}$$

将以上节点位移代入位移插值函数算得点 p 沿 z 轴的位移为

$$w_p = -N_i x_i \theta_{y0} - N_j x_j \theta_{y0} - N_m x_m \theta_{y0} + 0 + N_{yi} \theta_{y0} + N_{yj} \theta_{y0} + N_{ym} \theta_{y0}$$

$$= (-N_i x_i - N_j x_j - N_m x_m + N_{yi} + N_{yj} + N_{ym}) \theta_{y0} \tag{5-22}$$

按照完备要求,式(5-20)和式(5-22)应得相同结果,亦即要求

$$-x_p \theta_{y0} = (-N_i x_i - N_j x_j - N_m x_m + N_{yi} + N_{yj} + N_{ym}) \theta_{y0} \tag{5-23}$$

因此得

$$x_p = N_i x_i + N_j x_j + N_m x_m - N_{yi} - N_{yj} - N_{ym} \tag{5-24}$$

2) 计算任一点 p 的法线绕 x 轴的转角 θ_{xp}

(1) 在单元沿 z 轴刚体平动 w_0 时

这时,点 p 绕 x 轴的转角应为

$$\theta_{xp} = 0 \tag{5-25}$$

单元各节点位移已如式(5-11)所示,将其代入位移插值函数算得点 p 绕 x 轴的
转角为

$$\theta_{xp} = \left(\frac{\partial w}{\partial y}\right)_p = \frac{\partial N_i}{\partial y} w_0 + \frac{\partial N_j}{\partial y} w_0 + \frac{\partial N_m}{\partial y} w_0 + 0$$

$$= \left(\frac{\partial N_i}{\partial y} + \frac{\partial N_j}{\partial y} + \frac{\partial N_m}{\partial y}\right) w_0 \tag{5-26}$$

按照完备要求,式(5-25)和式(5-26)应得相同结果,亦即要求

$$\left(\frac{\partial N_i}{\partial y} + \frac{\partial N_j}{\partial y} + \frac{\partial N_m}{\partial y}\right) w_0 = 0 \tag{5-27}$$

因此得

$$\frac{\partial N_i}{\partial y} + \frac{\partial N_j}{\partial y} + \frac{\partial N_m}{\partial y} = 0 \tag{5-28}$$

(2) 在单元绕 x 轴刚体转动 θ_{x0} 时

这时,点 p 绕 x 轴的转角应为

$$\theta_{xp} = \theta_{x0} \tag{5-29}$$

单元的各个节点的位移已如式(5-16)所示,将其代入位移插值函数算得点 p 绕 x 轴的转角为

$$\theta_{xp} = \left(\frac{\partial w}{\partial y}\right)_p = \frac{\partial N_i}{\partial y}\theta_{x0}y_i + \frac{\partial N_j}{\partial y}\theta_{x0}y_j + \frac{\partial N_m}{\partial y}\theta_{x0}y_m$$

$$+ \frac{\partial N_{xi}}{\partial y}\theta_{x0} + \frac{\partial N_{xj}}{\partial y}\theta_{x0} + \frac{\partial N_{xm}}{\partial y}\theta_{x0} + 0$$

$$= \left(\frac{\partial N_i}{\partial y}y_i + \frac{\partial N_j}{\partial y}y_j + \frac{\partial N_m}{\partial y}y_m + \frac{\partial N_{xi}}{\partial y} + \frac{\partial N_{xj}}{\partial y} + \frac{\partial N_{xm}}{\partial y}\right)\theta_{x0} \tag{5-30}$$

按照完备要求,式(5-29)和式(5-30)应得相同结果,亦即要求

$$\left(\frac{\partial N_i}{\partial y}y_i + \frac{\partial N_j}{\partial y}y_j + \frac{\partial N_m}{\partial y}y_m + \frac{\partial N_{xi}}{\partial y} + \frac{\partial N_{xj}}{\partial y} + \frac{\partial N_{xm}}{\partial y}\right)\theta_{x0} = \theta_{x0} \tag{5-31}$$

因此得

$$\frac{\partial N_i}{\partial y}y_i + \frac{\partial N_j}{\partial y}y_j + \frac{\partial N_m}{\partial y}y_m + \frac{\partial N_{xi}}{\partial y} + \frac{\partial N_{xj}}{\partial y} + \frac{\partial N_{xm}}{\partial y} = 1 \tag{5-32}$$

(3) 在单元绕 y 轴刚体转动 θ_{y0} 时

这时,点 p 绕 x 轴的转角应为

$$\theta_{xp} = 0 \tag{5-33}$$

单元的各个节点的位移已如式(5-21)所示,将其代入位移插值函数算得点 p 绕 x 轴的转角为

$$\theta_{xp} = \left(\frac{\partial w}{\partial y}\right)_p = -\frac{\partial N_i}{\partial y}\theta_{y0}x_i - \frac{\partial N_j}{\partial y}\theta_{y0}x_j - \frac{\partial N_m}{\partial y}\theta_{y0}x_m + 0$$

$$+ \frac{\partial N_{yi}}{\partial y}\theta_{y0} + \frac{\partial N_{yj}}{\partial y}\theta_{y0} + \frac{\partial N_{ym}}{\partial y}\theta_{y0}$$

$$= \left(-\frac{\partial N_i}{\partial y}x_i - \frac{\partial N_j}{\partial y}x_j - \frac{\partial N_m}{\partial y}x_m + \frac{\partial N_{yi}}{\partial y} + \frac{\partial N_{yj}}{\partial y} + \frac{\partial N_{ym}}{\partial y}\right)\theta_{y0} \tag{5-34}$$

按照完备要求,式(5-33)和式(5-34)应得相同结果,亦即要求

$$\left(-\frac{\partial N_i}{\partial y}x_i - \frac{\partial N_j}{\partial y}x_j - \frac{\partial N_m}{\partial y}x_m + \frac{\partial N_{yi}}{\partial y} + \frac{\partial N_{yj}}{\partial y} + \frac{\partial N_{ym}}{\partial y}\right)\theta_{y0} = 0 \tag{5-35}$$

因此得

$$\frac{\partial N_i}{\partial y}x_i + \frac{\partial N_j}{\partial y}x_j + \frac{\partial N_m}{\partial y}x_m - \frac{\partial N_{yi}}{\partial y} - \frac{\partial N_{yj}}{\partial y} - \frac{\partial N_{ym}}{\partial y} = 0 \tag{5-36}$$

3) 计算任一点 p 的法线绕 y 轴的转角 θ_{yp}

（1）在单元沿 z 轴刚体平动 w_0 时

这时，点 p 绕 y 轴的转角应为

$$\theta_{yp} = 0 \tag{5-37}$$

单元各节点位移已如式(5-11)所示，将其代入位移插值函数计算点 p 绕 y 轴的转角，注意关于转角的正负号规定，将有

$$\theta_{yp} = -\left(\frac{\partial w}{\partial y}\right)_p = -\frac{\partial N_i}{\partial x}w_0 - \frac{\partial N_j}{\partial x}w_0 - \frac{\partial N_m}{\partial x}w_0 + 0$$

$$= -\left(\frac{\partial N_i}{\partial x} + \frac{\partial N_j}{\partial x} + \frac{\partial N_m}{\partial x}\right)w_0 \tag{5-38}$$

按照完备要求，式(5-37)和式(5-38)应得相同结果，亦即要求

$$-\left(\frac{\partial N_i}{\partial x} + \frac{\partial N_j}{\partial x} + \frac{\partial N_m}{\partial x}\right)w_0 = 0 \tag{5-39}$$

因此得

$$-\frac{\partial N_i}{\partial x} - \frac{\partial N_j}{\partial x} - \frac{\partial N_m}{\partial x} = 0 \tag{5-40}$$

（2）在单元绕 x 轴刚体转动 θ_{x0} 时

这时，点 p 绕 y 轴的转角应为

$$\theta_{yp} = 0 \tag{5-41}$$

单元的各个节点的位移已如式(5-16)所示，将其代入位移插值函数算得点 p 绕 y 轴的转角为

$$\theta_{yp} = -\left(\frac{\partial w}{\partial x}\right)_p = -\frac{\partial N_i}{\partial x}\theta_{x0}y_i - \frac{\partial N_j}{\partial x}\theta_{x0}y_j - \frac{\partial N_m}{\partial x}\theta_{x0}y_m$$

$$-\frac{\partial N_{xi}}{\partial x}\theta_{x0} - \frac{\partial N_{xj}}{\partial x}\theta_{x0} - \frac{\partial N_{xm}}{\partial x}\theta_{x0} + 0$$

$$= -\left(\frac{\partial N_i}{\partial x}y_i + \frac{\partial N_j}{\partial x}y_j + \frac{\partial N_m}{\partial x}y_m + \frac{\partial N_{xi}}{\partial x} + \frac{\partial N_{xj}}{\partial x} + \frac{\partial N_{xm}}{\partial x}\right)\theta_{x0} \tag{5-42}$$

按照完备要求，式(5-41)和式(5-42)应得相同结果，亦即要求

$$-\left(\frac{\partial N_i}{\partial x}y_i + \frac{\partial N_j}{\partial x}y_j + \frac{\partial N_m}{\partial x}y_m + \frac{\partial N_{xi}}{\partial x} + \frac{\partial N_{xj}}{\partial x} + \frac{\partial N_{xm}}{\partial x}\right)\theta_{x0} = 0 \tag{5-43}$$

因此得

$$-\frac{\partial N_i}{\partial x}y_i - \frac{\partial N_j}{\partial x}y_j - \frac{\partial N_m}{\partial x}y_m - \frac{\partial N_{xi}}{\partial x} - \frac{\partial N_{xj}}{\partial x} - \frac{\partial N_{xm}}{\partial x} = 0 \tag{5-44}$$

（3）在单元绕 y 轴刚体转动 θ_{y0} 时

这时，点 p 绕 y 轴的转角应为

$$\theta_{yp} = \theta_{y0} \tag{5-45}$$

单元的各个节点的位移已如式(5-21)所示，将其代入位移插值函数算得点 p 绕 y 轴

的转角为

$$\theta_{yp} = -\left(\frac{\partial w}{\partial x}\right)_p = +\frac{\partial N_i}{\partial x}\theta_{y0}x_i + \frac{\partial N_j}{\partial x}\theta_{y0}x_j + \frac{\partial N_m}{\partial x}\theta_{y0}x_m + 0$$

$$-\frac{\partial N_{yi}}{\partial x}\theta_{y0} - \frac{\partial N_{yj}}{\partial x}\theta_{y0} - \frac{\partial N_{ym}}{\partial x}\theta_{y0}$$

$$= \left(\frac{\partial N_i}{\partial x}x_i + \frac{\partial N_j}{\partial x}x_j + \frac{\partial N_m}{\partial x}x_m - \frac{\partial N_{yi}}{\partial x} - \frac{\partial N_{yj}}{\partial x} - \frac{\partial N_{ym}}{\partial x}\right)\theta_{y0} \qquad (5\text{-}46)$$

按照完备要求,式(5-45)和式(5-46)应得相同结果,亦即要求

$$\left(\frac{\partial N_i}{\partial x}x_i + \frac{\partial N_j}{\partial x}x_j + \frac{\partial N_m}{\partial x}x_m - \frac{\partial N_{yi}}{\partial x} - \frac{\partial N_{yj}}{\partial x} - \frac{\partial N_{ym}}{\partial x}\right)\theta_{y0} = \theta_{y0} \qquad (5\text{-}47)$$

因此得

$$\frac{\partial N_i}{\partial x}x_i + \frac{\partial N_j}{\partial x}x_j + \frac{\partial N_m}{\partial x}x_m - \frac{\partial N_{yi}}{\partial x} - \frac{\partial N_{yj}}{\partial x} - \frac{\partial N_{ym}}{\partial x} = 1 \qquad (5\text{-}48)$$

以上得到的式(5-14)、式(5-19)、式(5-24)、式(5-28)、式(5-32)、式(5-36)、式(5-40)、式(5-44)和式(5-48)就是当要求位移插值函数有反映单元刚体运动能力时,插值基函数应满足的数学关系。应注意到:前三个包含着各个插值基函数本身,中间三个包含着它们对坐标 y 的导数,而最后三个包含着它们对坐标 x 的导数。

5.2.3　几何矩阵和内力矩阵

将位移插值函数代入板的几何方程(5-1),可将单元的广义应变表示为以节点位移为变量的函数

$$\boldsymbol{\varepsilon} = \boldsymbol{B}\boldsymbol{\delta}^e \qquad (5\text{-}49)$$

其中

$$\boldsymbol{B} = \begin{bmatrix} \dfrac{\partial^2 \boldsymbol{N}}{\partial x^2} \\[2mm] \dfrac{\partial^2 \boldsymbol{N}}{\partial y^2} \\[2mm] \dfrac{\partial^2 \boldsymbol{N}}{\partial x \partial y} \end{bmatrix} \qquad (5\text{-}50)$$

称为板单元的几何矩阵。再将式(5-49)代入薄板的物理方程(5-3),得

$$\boldsymbol{\sigma} = \boldsymbol{D}\boldsymbol{B}\boldsymbol{\delta}^e = \boldsymbol{S}\boldsymbol{\delta}^e \qquad (5\text{-}51)$$

其中

$$\boldsymbol{S} = \boldsymbol{D}\boldsymbol{B} \qquad (5\text{-}52)$$

常称为板单元的内力矩阵。

5.2.4　单元载荷列阵

假设在图 5-1 所示的 ij 边上点 a 处作用有板的法向集中力 P,在点 b 处有绕 x

轴转的集中力偶 m_x，在点 c 处作用有绕 y 轴转的集中力偶 m_y。在平面问题有限元列式的推导中，已经指出，为了建立节点的平衡方程，需要把结构的原始载荷分别乘以适当的移置系数，静力等效地移置到它所在单元的相关节点上，得到节点载荷。

在单元上与各个节点位移相应的节点载荷 Z_i,T_{xi},T_{yi} 等已如图 5-1 所示，可用列阵表示为

$$\boldsymbol{R}^e = \begin{bmatrix} Z_i & T_{xi} & T_{yi} & Z_j & T_{xj} & T_{yj} & Z_m & T_{xm} & T_{ym} \end{bmatrix}^T \tag{5-53}$$

则载荷 P,m_x 和 m_y 移置后的节点载荷列阵可分别表示为

$$\boldsymbol{R}^e = \boldsymbol{W}_a^T \boldsymbol{P} \tag{5-54}$$

$$\boldsymbol{R}^e = \boldsymbol{W}_b^T m_x \tag{5-55}$$

$$\boldsymbol{R}^e = \boldsymbol{W}_c^T m_y \tag{5-56}$$

其中，

$$\boldsymbol{W}^T = \begin{bmatrix} W_i & W_{xi} & W_{yi} & W_j & W_{xj} & W_{yj} & W_m & W_{xm} & W_{ym} \end{bmatrix}^T \tag{5-57}$$

为根据以上三类不同载荷需要待定的移置系数列阵，并在载荷作用点处取值。

为了选取合适的移置系数，要看一看当要求节点载荷与原始载荷静力等效时，移置系数应满足什么样的数学关系。在这里，所谓静力等效就是移置后的节点载荷在 z 轴上的投影与对 x 轴和 y 轴的矩应分别与原始载荷所具有的相等。下面分别就集中力 P 与集中力偶 m_x 和 m_y 的移置推导所要的数学关系，并根据这些数学关系去选取合适的移置系数。

1) 集中力 P 的移置

(1) 所要数学关系推导

① 考虑在 z 轴上的投影 P_z

在 z 轴上，原始力的投影为

$$P_z = P \tag{5-58}$$

节点载荷的投影为

$$P_z = Z_i + Z_j + Z_m \tag{5-59}$$

将式(5-54)中的表达式代入上式，有

$$P_z = W_i P + W_j P + W_m P = (W_i + W_j + W_m)P \tag{5-60}$$

按照上述静力等效的要求，式(5-58)和式(5-60)应得相同结果，亦即要求

$$(W_i + W_j + W_m)P = P \tag{5-61}$$

因此得

$$W_i + W_j + W_m = 1 \tag{5-62}$$

② 考虑对 x 轴的矩 M_x

对于 x 轴，原始力的矩为

$$M_x = y_p P \tag{5-63}$$

节点载荷的矩为

$$M_x = y_i Z_i + y_j Z_j + y_m Z_m + T_{xi} + T_{xj} + T_{xm} \tag{5-64}$$

将式(5-54)中的表达式代入上式,有

$$M_x = W_i y_i P + W_j y_j P + W_m y_m P + W_{xi} P + W_{xj} P + W_{xm} P$$

$$= (W_i y_i + W_j y_j + W_m y_m + W_{xi} + W_{xj} + W_{xm}) P \tag{5-65}$$

按照上述静力等效的要求,式(5-63)和式(5-65)应得相同结果,亦即要求

$$y_p P = (W_i y_i + W_j y_j + W_m y_m + W_{xi} + W_{xj} + W_{xm}) P \tag{5-66}$$

因此得

$$y_p = W_i y_i + W_j y_j + W_m y_m + W_{xi} + W_{xj} + W_{xm} \tag{5-67}$$

③ 考虑对 y 轴的矩 M_y

对于 y 轴,原始力的矩为

$$M_y = -x_p P \tag{5-68}$$

节点载荷的矩为

$$M_y = -x_i Z_i - x_j Z_j - x_m Z_m + T_{yi} + T_{yj} + T_{ym} \tag{5-69}$$

将式(5-54)中的表达式代入上式,有

$$M_y = -W_i x_i P - W_j x_j P - W_m x_m P + W_{yi} P + W_{yj} P + W_{ym} P$$

$$= -(W_i x_i + W_j x_j + W_m x_m - W_{yi} - W_{yj} - W_{ym}) P \tag{5-70}$$

按照上述静力等效的要求,式(5-68)和式(5-70)应得相同结果,亦即要求

$$-x_p P = -(W_i x_i + W_j x_j + W_m x_m - W_{yi} - W_{yj} - W_{ym}) P \tag{5-71}$$

得

$$x_p = W_i x_i + W_j x_j + W_m x_m - W_{yi} - W_{yj} - W_{ym} \tag{5-72}$$

(2) 移置系数的选取

式(5-62)、式(5-67)和式(5-72)是按照静力等效要求集中力 P 移置时,各个移置系数要满足的数学关系,只有在单元里处处满足这些数学关系的函数才可以做集中力 P 的移置系数。回顾在讨论位移插值函数性质时得到的插值基函数必满足的数学关系式(5-14)、式(5-19)和式(5-24),就会发现:在那里构造的插值基函数已经满足的数学关系和这里要求移置系数满足的数学关系是完全相同的,因此,可以方便地直接取那里与各个节点位移分量对应的插值基函数作为这里集中力 P 移置时各个节点载荷分量的移置系数。这样,式(5-54)可以直接改写为

$$\boldsymbol{R}^e = \boldsymbol{N}_a^{\mathrm{T}} \boldsymbol{P} \tag{5-73}$$

其中,$\boldsymbol{N}$ 已如式(5-9)所示,只是其中的各个元素要在点 a 取值。

2) 集中力偶 m_x 的移置

(1) 所要数学关系推导

① 考虑在 z 轴上的投影 P_z

在 z 轴上,原始力的投影为

$$P_z = 0 \tag{5-74}$$

节点载荷的投影为

$$P_z = Z_i + Z_j + Z_m \tag{5-75}$$

将式(5-55)中的表达式代入上式,有

$$P_z = W_i m_x + W_j m_x + W_m m_x = (W_i + W_j + W_m) m_x \tag{5-76}$$

按照上述静力等效的要求,式(5-74)和式(5-76)应得相同结果,亦即要求

$$(W_i + W_j + W_m) m_x = 0 \tag{5-77}$$

因此得

$$W_i + W_j + W_m = 0 \tag{5-78}$$

② 考虑对 x 轴的矩 M_x

对于 x 轴,原始力的矩为

$$M_x = m_x \tag{5-79}$$

节点载荷的矩为

$$M_x = y_i Z_i + y_j Z_j + y_m Z_m + T_{xi} + T_{xj} + T_{xm} \tag{5-80}$$

将式(5-55)中的表达式代入上式,有

$$\begin{aligned} M_x &= W_i y_i m_x + W_j y_j m_x + W_m y_m m_x + W_{xi} m_x + W_{xj} m_x + W_{xm} m_x \\ &= (W_i y_i + W_j y_j + W_m y_m + W_{xi} + W_{xj} + W_{xm}) m_x \end{aligned} \tag{5-81}$$

按照上述静力等效的要求,式(5-79)和式(5-81)应得相同结果,亦即要求

$$(W_i y_i + W_j y_j + W_m y_m + W_{xi} + W_{xj} + W_{xm}) m_x = m_x \tag{5-82}$$

因此得

$$W_i y_i + W_j y_j + W_m y_m + W_{xi} + W_{xj} + W_{xm} = 1 \tag{5-83}$$

③ 考虑对 y 轴的矩 M_y

对于 y 轴,原始力的矩为

$$M_y = 0 \tag{5-84}$$

节点载荷的矩为

$$M_y = -x_i Z_i - x_j Z_j - x_m Z_m + T_{yi} + T_{yj} + T_{ym} \tag{5-85}$$

将式(5-55)中的表达式代入上式,有

$$\begin{aligned} M_y &= -W_i x_i m_x - W_j x_j m_x - W_m x_m m_x + W_{yi} m_x + W_{yj} m_x + W_{ym} m_x \\ &= -(W_i x_i + W_j x_j + W_m x_m - W_{yi} - W_{yj} - W_{ym}) m_x \end{aligned} \tag{5-86}$$

按照上述静力等效的要求,式(5-84)和式(5-86)应得相同结果,亦即要求

$$-(W_i x_i + W_j x_j + W_m x_m - W_{yi} - W_{yj} - W_{ym}) m_x = 0 \tag{5-87}$$

因此得

$$W_i x_i + W_j x_j + W_m x_m - W_{yi} - W_{yj} - W_{ym} = 0 \tag{5-88}$$

(2) 移置系数的选取

式(5-78)、式(5-83)和式(5-88)是按照静力等效要求移置集中力偶 m_x 时,各个移置系数要满足的数学关系,只有在单元里处处满足这些数学关系的函数才可以做

集中力偶 m_x 的移置系数。回顾在讨论位移插值函数性质时得到的插值基函数对 y 的导数必满足的数学关系式(5-28)、式(5-32)和式(5-36),也会发现:在那里构造的插值基函数对 y 的导数已经满足的数学关系和这里要求移置系数满足的是完全相同的,因此,可以方便地直接取那里与各个节点位移分量对应的插值基函数对 y 的导数作为这里集中力偶 m_x 移置时各个节点载荷分量的移置系数。这样,式(5-55)可以直接改写为

$$\boldsymbol{R}^{\mathrm{e}} = \left[\frac{\partial \boldsymbol{N}}{\partial y}\right]_b^{\mathrm{T}} m_x \tag{5-89}$$

在这里,

$$\left[\frac{\partial \boldsymbol{N}}{\partial y}\right]_b = \left[\frac{\partial N_i}{\partial y} \quad \frac{\partial N_{xi}}{\partial y} \quad \frac{\partial N_{yi}}{\partial y} \quad \frac{\partial N_j}{\partial y} \quad \frac{\partial N_{xj}}{\partial y} \quad \frac{\partial N_{yj}}{\partial y} \quad \frac{\partial N_m}{\partial y} \quad \frac{\partial N_{xm}}{\partial y} \quad \frac{\partial N_{ym}}{\partial y}\right]_b \tag{5-90}$$

其中各个元素要在点 b 取值。

3) 集中力偶 m_y 的移置

(1) 所要数学关系推导

① 考虑在 z 轴上的投影 P_z

在 z 轴上,原始力的投影为

$$P_z = 0 \tag{5-91}$$

节点载荷的投影为

$$P_z = Z_i + Z_j + Z_m \tag{5-92}$$

将式(5-56)中的表达式代入上式,有

$$P_z = W_i m_y + W_j m_y + W_m m_y = (W_i + W_j + W_m)m_y \tag{5-93}$$

按照上述静力等效的要求,式(5-91)和式(5-93)应得相同结果,亦即要求

$$(W_i + W_j + W_m)m_y = 0 \tag{5-94}$$

因此得

$$W_i + W_j + W_m = 0 \tag{5-95}$$

② 考虑对 x 轴的矩 M_x

对于 x 轴,原始力的矩为

$$M_x = 0 \tag{5-96}$$

节点载荷的矩为

$$M_x = y_i Z_i + y_j Z_j + y_m Z_m + T_{xi} + T_{xj} + T_{xm} \tag{5-97}$$

将式(5-56)中的表达式代入上式,有

$$\begin{aligned} M_x &= W_i y_i m_y + W_j y_j m_y + W_m y_m m_y + W_{xi} m_y + W_{xj} m_y + W_{xm} m_y \\ &= (W_i y_i + W_j y_j + W_m y_m + W_{xi} + W_{xj} + W_{xm})m_y \end{aligned} \tag{5-98}$$

按照上述静力等效的要求,式(5-96)和式(5-98)应得相同结果,亦即要求

$$(W_i y_i + W_j y_j + W_m y_m + W_{xi} + W_{xj} + W_{xm}) m_y = 0 \tag{5-99}$$

得

$$W_i y_i + W_j y_j + W_m y_m + W_{xi} + W_{xj} + W_{xm} = 0 \tag{5-100}$$

③ 考虑对 y 轴的矩 M_y

对于 y 轴,原始力的矩为

$$M_y = m_y \tag{5-101}$$

节点载荷的矩为

$$M_y = -x_i Z_i - x_j Z_j - x_m Z_m + T_{yi} + T_{yj} + T_{ym} \tag{5-102}$$

将式(5-56)中的表达式代入上式,有

$$\begin{aligned} M_y &= -W_i x_i m_y - W_j x_j m_y - W_m x_m m_y + W_{yi} m_y + W_{yj} m_y + W_{ym} m_y \\ &= (-W_i x_i - W_j x_j - W_m x_m + W_{yi} + W_{yj} + W_{ym}) m_y \end{aligned} \tag{5-103}$$

按照上述静力等效的要求,式(5-101)和式(5-103)应得相同结果,亦即要求

$$(-W_i x_i - W_j x_j - W_m x_m + W_{yi} + W_{yj} + W_{ym}) m_y = m_y \tag{5-104}$$

得

$$-W_i x_i - W_j x_j - W_m x_m + W_{yi} + W_{yj} + W_{ym} = 1 \tag{5-105}$$

(2) 移置系数的选取

式(5-95)、式(5-100)和式(5-105)是按照静力等效要求集中力偶 m_y 移置时,各个移置系数要满足的数学关系,只有在单元里处处满足这些数学关系的函数才可以做集中力偶 m_y 的移置系数。回顾在讨论位移插值函数性质时得到的插值基函数对 x 的导数必满足的数学关系式(5-40)、式(5-44)和式(5-48),也会发现:在那里构造的插值基函数对 x 的导数的负值已经满足的数学关系和这里要求移置系数满足的是完全相同的,因此,可以方便地直接取那里与各个节点位移分量对应的插值基函数对 x 的负导数作为这里集中力偶 m_y 移置时各个节点载荷分量的移置系数。这样,式(5-56)可以直接改写为

$$\boldsymbol{R}^e = -\left[\frac{\partial \boldsymbol{N}}{\partial x}\right]_c^{\mathrm{T}} m_y \tag{5-106}$$

在这里,

$$\left[\frac{\partial \boldsymbol{N}}{\partial x}\right]_c = \left[\frac{\partial N_i}{\partial x} \quad \frac{\partial N_{xi}}{\partial x} \quad \frac{\partial N_{yi}}{\partial x} \quad \frac{\partial N_j}{\partial x} \quad \frac{\partial N_{xj}}{\partial x} \quad \frac{\partial N_{yj}}{\partial x} \quad \frac{\partial N_m}{\partial x} \quad \frac{\partial N_{xm}}{\partial x} \quad \frac{\partial N_{ym}}{\partial x}\right]_c$$

$$\tag{5-107}$$

其中各个元素要在点 c 取值。

仿平面问题的推导还可以看出:若单元中面上有分布载荷,不管是线分布载荷还是面分布载荷,总可以先取一个载荷微元,做类似于集中载荷的移置,然后把结果在载荷分布域上积分,即得所要结果。

5.2.5 单元刚度矩阵

仿照平面问题,有了用节点位移表示的广义应力式(5-52),可以通过板边界条件的表达式

$$
\begin{cases}
M_{xn} = -M_{xy}l - M_y m \\
M_{yn} = M_x l + M_{xy} m \\
Q_x = \dfrac{\partial M_x}{\partial x} + \dfrac{\partial M_{xy}}{\partial y} \\
Q_y = \dfrac{\partial M_{xy}}{\partial x} + \dfrac{\partial M_y}{\partial y} \\
Q_n = Q_x l + Q_y m = \left(\dfrac{\partial M_x}{\partial x} + \dfrac{\partial M_{xy}}{\partial y}\right)l + \left(\dfrac{\partial M_{xy}}{\partial x} + \dfrac{\partial M_y}{\partial y}\right)m
\end{cases}
\tag{5-108}
$$

写出板单元的广义边界力$(Q_n, M_{xn}, M_{yn}$,见图5-2)以节点位移为变量的表达式,进而把这些广义边界力向单元各个节点静力等效地移置,就可以得到移置来的用节点位移表示的节点力(参看图5-2),把节点力排成一列阵$\boldsymbol{F}^e$有

$$
\boldsymbol{F}^e = \begin{bmatrix} Q_i & M_{xi} & M_{yi} & Q_j & M_{xj} & M_{yj} & Q_m & M_{xm} & M_{ym} \end{bmatrix}^{\mathrm{T}}
\tag{5-109}
$$

由移置后所得表达式,就可以整理出节点力列阵$\boldsymbol{F}^e$与节点位移列阵$\boldsymbol{\delta}^e$之间关系的表达式,表达式中联系这两个列阵的矩阵即所谓板单元的刚度矩阵。

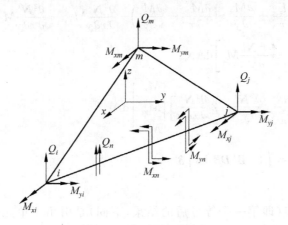

图 5-2 板的节点载荷

在图5-2中表示的单元的广义边界力(Q_n, M_{xn}, M_{yn})是沿单元边界的线分布力,或线分布力偶,若取一边界微段 $\mathrm{d}s$,则其上有边界力或力偶的微元 $Q_n \mathrm{d}s$,$M_{xn}\,\mathrm{d}s$ 和 $M_{yn}\,\mathrm{d}s$。仿照式(5-73),式(5-89)和式(5-106)单元载荷列阵的推导结果,可直接算出这些边界力微元的移置结果,再在单元周边 S^e 上积分,就可以得到所要节点力的结果。下面给出这一列式过程的推演:

$$\boldsymbol{F}^e = \int_{S^e} \left(\boldsymbol{N}^T Q_n + \left[\frac{\partial \boldsymbol{N}^T}{\partial y} \quad -\frac{\partial \boldsymbol{N}^T}{\partial x} \right] \begin{bmatrix} M_{xn} \\ M_{yn} \end{bmatrix} \right) \mathrm{d}s$$

$$= \int_{S^e} \left[\boldsymbol{N}^T \left(\frac{\partial M_x}{\partial x} + \frac{\partial M_{xy}}{\partial y} \right) l + \boldsymbol{N}^T \left(\frac{\partial M_{xy}}{\partial x} + \frac{\partial M_y}{\partial y} \right) m + \frac{\partial \boldsymbol{N}^T}{\partial y} (-M_{xy} l - M_y m) \right.$$
$$\left. - \frac{\partial \boldsymbol{N}^T}{\partial x} (M_x l + M_{xy} m) \right] \mathrm{d}s$$

$$= \int_{A^e} \left[\frac{\partial}{\partial x} \left(\boldsymbol{N}^T \frac{\partial M_x}{\partial x} + \boldsymbol{N}^T \frac{\partial M_{xy}}{\partial y} \right) + \frac{\partial}{\partial y} \left(\boldsymbol{N}^T \frac{\partial M_{xy}}{\partial x} + \boldsymbol{N}^T \frac{\partial M_y}{\partial y} \right) \right.$$
$$\left. - \frac{\partial}{\partial x} \left(\frac{\partial \boldsymbol{N}^T}{\partial y} M_{xy} \right) - \frac{\partial}{\partial y} \left(\frac{\partial \boldsymbol{N}^T}{\partial y} M_y \right) - \frac{\partial}{\partial x} \left(\frac{\partial \boldsymbol{N}^T}{\partial x} M_x \right) - \frac{\partial}{\partial y} \left(\frac{\partial \boldsymbol{N}^T}{\partial x} M_{xy} \right) \right] \mathrm{d}A$$

$$= \int_{A^e} \left[\frac{\partial \boldsymbol{N}^T}{\partial x} \left(\frac{\partial M_x}{\partial x} + \frac{\partial M_{xy}}{\partial y} \right) + \boldsymbol{N}^T \left(\frac{\partial^2 M_x}{\partial x^2} + \frac{\partial^2 M_{xy}}{\partial x \partial y} \right) + \frac{\partial \boldsymbol{N}^T}{\partial y} \left(\frac{\partial M_{xy}}{\partial x} + \frac{\partial M_y}{\partial y} \right) \right.$$
$$+ \boldsymbol{N}^T \left(\frac{\partial^2 M_{xy}}{\partial x \partial y} + \frac{\partial^2 M_y}{\partial y^2} \right) - \frac{\partial^2 \boldsymbol{N}^T}{\partial x \partial y} M_{xy} - \frac{\partial \boldsymbol{N}^T}{\partial y} \frac{\partial M_{xy}}{\partial x} - \frac{\partial^2 \boldsymbol{N}^T}{\partial y^2} M_y$$
$$\left. - \frac{\partial \boldsymbol{N}^T}{\partial y} \frac{\partial M_y}{\partial y} - \frac{\partial^2 \boldsymbol{N}^T}{\partial x^2} M_x - \frac{\partial \boldsymbol{N}^T}{\partial x} \frac{\partial M_x}{\partial x} - \frac{\partial^2 \boldsymbol{N}^T}{\partial x \partial y} M_{xy} - \frac{\partial \boldsymbol{N}^T}{\partial x} \frac{\partial M_{xy}}{\partial y} \right] \mathrm{d}A$$

$$= \int_{A^e} \left[\boldsymbol{N}^T \left(\frac{\partial^2 M_x}{\partial x^2} + 2 \frac{\partial^2 M_{xy}}{\partial x \partial y} + \frac{\partial^2 M_y}{\partial y^2} \right) + \frac{\partial \boldsymbol{N}^T}{\partial x} \left(-\frac{\partial M_x}{\partial x} - \frac{\partial M_{xy}}{\partial y} + \frac{\partial M_x}{\partial x} + \frac{\partial M_{xy}}{\partial y} \right) \right.$$
$$+ \frac{\partial \boldsymbol{N}^T}{\partial y} \left(\frac{\partial M_{xy}}{\partial x} + \frac{\partial M_y}{\partial y} - \frac{\partial M_{xy}}{\partial x} - \frac{\partial M_y}{\partial y} \right) - \frac{\partial^2 \boldsymbol{N}^T}{\partial x \partial y} M_{xy} - \frac{\partial^2 \boldsymbol{N}^T}{\partial x \partial y} M_{xy}$$
$$\left. - \frac{\partial^2 \boldsymbol{N}^T}{\partial x^2} M_x - \frac{\partial^2 \boldsymbol{N}^T}{\partial y^2} M_y \right] \mathrm{d}A$$

$$= \int_{A^e} - \left[\frac{\partial^2 \boldsymbol{N}^T}{\partial x^2} \quad \frac{\partial^2 \boldsymbol{N}^T}{\partial y^2} \quad 2 \frac{\partial^2 \boldsymbol{N}^T}{\partial x \partial y} \right] \begin{bmatrix} M_x \\ M_y \\ M_{xy} \end{bmatrix} \mathrm{d}A$$

$$= \int_{A^e} \boldsymbol{B}^T \boldsymbol{\sigma} \mathrm{d}A = \left(\int_{A^e} \boldsymbol{B}^T \boldsymbol{D} \boldsymbol{B} \mathrm{d}A \right) \boldsymbol{\delta}^e$$

$$= \boldsymbol{K}^e \boldsymbol{\delta}^e \tag{5-110}$$

这里推演的第 1 步(即第一个等号后的结果,下同)是引用了单元荷载移置结果的式(5-73)、式(5-89)和式(5-106);第 2 步是代入了式(5-108)的结果;第 3 步是利用格林公式把沿单元边界积分化为单元域内积分;第 4 步是做被积函数的微分运算;第 5 步是按照插值基函数及其导数整理被积函数式;第 6 步中,首先利用单元所有载荷已移置到节点上后其体力为零的结果,根据薄板平衡方程(5-6)消去被积函数式的第 1 大项,再消去第 2、3 大项本身为零的无效项,最后把被积函数式的其余项写成矩阵表达式;第 7 步中引用了式(5-2)和式(5-50)的关系;第 8 步中引用了式(5-51)的关系,最后一步给出了单元刚度矩阵 $\boldsymbol{K}^e$ 的结果:

$$\boldsymbol{K}^{\mathrm{e}} = \int_{A^{\mathrm{e}}} \boldsymbol{B}^{\mathrm{T}} \boldsymbol{D} \boldsymbol{B} \, \mathrm{d}A \tag{5-111}$$

可以看出,这里的单元刚度矩阵与传统推导方法所得结果完全相同。

接下去的推导是要建立求解节点位移的方程组,其原理仍是以节点为研究对象,列出节点的平衡方程:在每个节点上,把从相关单元上移置来的节点载荷,叠加构成方程的右端项;同时,把传递过来的节点力叠加,因在节点力中含有节点位移,这就构成方程的未知部分。在每个节点上可用的平衡方程有 3 个:沿 z 坐标轴的投影以及绕 x 和 y 坐标轴的矩分别为零。若节点数目为 n,则平衡方程的总数为 $3n$,这正和待求节点位移的总数相等,可用以求全部节点位移。

第6章 杆件结构的有限单元法

有限单元法及工程应用

在工程结构设计中,也常遇到杆件结构。在材料力学里已经知道,所谓杆件,是指一个方向的尺寸远大于其他两个方向尺寸的构件,它的变形特征应符合材料力学中所说的"平面假设"。由杆件组成的结构,我们叫它杆件结构,工程中的刚架和桁架是典型的杆件结构。对于杆件的外力静定问题,其应力和变形的计算是材料力学的基本内容,并且用了把复杂受力情形分为拉压、弯曲、扭转等几种基本变形形式分别研究,然后进行叠加的方法。对于杆件的外力超静定问题,材料力学也研究,不过,对于那些超静定次数高的结构,是在结构力学里研究。材料力学里解超静定问题用的是力法,在求解过程中,最先求得的是所谓的多余约束力。结构力学解超静定问题也用力法,不过现在用得比较多的是位移法,它最先求得的是某些点处的位移,并且常常用矩阵来书写推导过程,被称为矩阵位移法。

在矩阵位移法中,方程的推导也是对杆件的各种基本变形形式分别来做,推导过程分以下几步:

(1) 首先把整个结构分为有限多个段落,每段叫做一个单元,单元与单元之间设置节点,靠节点把单元联结起来。

(2) 然后,先把各个节点固定,各个单元就成了两端固定的单跨杆件;由单元上作用的载荷,用力法解出杆两端的各个反力分量,该反力就是单元与节点之间的作用力,它传递着单元上载荷的信息。

(3) 在单元已无载荷作用的情况下,依次施加单元两端节点的每个位移分量,也用力法求出杆两端的各个反力分量,这样求出的各个反力分量都含有尚属未知的单元各个节点的位移分量。

(4) 分别取出各个节点为分离体,并施加与它相联的单元之间由上两步计算出来的作用力,建立每个节点的平衡方程;在每个平衡方程中,来自第二步算出的作用力传递着与节点相邻的单元上的载荷信息,来自第三步的作用力包含着本节点和与之共单元的那些节点的未知的节点位移,节点的平衡方程构建了节点位移和结构所受载荷的关系。

(5) 在已建立的节点平衡方程中,引入结构中给定位移的边界上那些节点已知的位移后,就可以用它求出所有节点的节点位移;有了节点位移,就可以用材料力学的方法去求单元内任一点处的内力和位移。

由以上推导步骤可以看出,矩阵位移法用的也是直接节点平衡的概念。为建立节点的平衡方程,先对两端固定的单跨杆件求解,把单元上载荷的信息传递到相联的节点上,再去计算单元的每个节点位移分量对单元与节点之间作用力的影响,最后叠加二者的计算结果得到节点的平衡方程,我们前几章用的有限元直接节点平衡法的推演步骤与其相似。不过,应该注意到:矩阵位移法的每一步求出的都是杆件理论的解析解,正因为如此,这种方法不好直接用于连续体,因为连续体难以得到所要的解析解。所以,对于连续体和板壳结构,我们必须回归到有限元法中最核心、最具特点的做法:构造一个单元的位移插值函数,以所有单元的位移插值函数作为结构待求位移场的试探函数。然后,依托单元位移插值函数,直接把单元上的载荷和由位移插值函数计算的单元边界力移置或传递到相联的节点上,去建立起节点的平衡方程。

考虑到读者已经熟悉前几章的推导思路,对于本章讨论的杆件结构,我们也不再用矩阵位移法推导,而继续沿用有限元直接节点平衡法的思路来推导,对于每种基本变形形式,要逐步完成:单元位移插值函数的推导、进行载荷移置推导单元载荷列阵、进行由位移插值函数计算的边界力的移置推导单元刚度矩阵,然后建立节点的平衡方程。

6.1　拉压问题的杆单元

材料力学里已经知道,由于引入了平面假设,拉压杆件内的位移、应变、应力这些物理量沿杆件横截面的变化规律已被确定,只需要再找到杆轴线上的点沿轴线方向的位移、沿轴线方向的应变、它所在截面的轴力、沿着轴线(一般被设为 x 坐标轴)的变化规律,则杆件内任一点的位移分量、应变分量、应力分量,都可以用材料力学中的方法求出。所要找的杆轴线上一点处的位移、应变、轴力,也常被分别称为广义位移、广义应变、广义应力。下面将列出在材料力学里已经熟知的这些物理量的控制方程,以备后续推导引用。

6.1.1　拉压杆件的基本方程

1. 几何方程

广义位移为轴线上任意条沿 x 轴的位移 $u(x)$,广义应变为轴线沿 x 方向线应

变 $\varepsilon(x)$，广义应变与广义位移间关系为

$$\varepsilon = \frac{\mathrm{d}u}{\mathrm{d}x} \tag{6-1}$$

2. 物理方程

广义应力为横截面上轴力 $F_{\mathrm{N}}(x)$，广义应力与广义应变间的关系为

$$F_{\mathrm{N}} = E\varepsilon A \tag{6-2}$$

其中，F_{N} 为轴力，EA 为杆的拉压刚度，ε 为杆件一点的应变。

3. 平衡方程

设杆上有轴向分布载荷 $p(x)$，平衡方程为

$$\frac{\mathrm{d}F_{\mathrm{N}}}{\mathrm{d}x} = p \tag{6-3}$$

6.1.2 拉压杆件的有限元列式推导

1. 单元位移插值函数

图 6-1 所示 2 节点线性单元，端点 i 和 j 为节点。图中，p 和 P 为作用在单元上的集中力和分布力，u_i，u_j 为节点位移，$F_{\mathrm{N}i}$，$F_{\mathrm{N}j}$ 为将轴力移植到节点的边界力，P_i，P_j 为将分布力 p 和集中力 P 移植到节点的载荷，F_i 和 F_j 为相邻单元对所取单元的作用力，其中 P_i，P_j 与坐标轴同向为正，与坐标轴反向为负，相邻单元对所取单元的作用力 F_i 和 F_j 受拉为正，受压为负，与轴力相关的边界力 $F_{\mathrm{N}i}F_{\mathrm{N}j}$ 与坐标轴同向为正，与坐标轴反向为负。将节点位移排列成阵有

$$\boldsymbol{\delta}^e = \begin{bmatrix} u_i & u_j \end{bmatrix}^{\mathrm{T}} \tag{6-4}$$

设杆内任意点位移服从线性位移模式，有

$$u = ax + b \tag{6-5}$$

代入边界条件，$x=x_i$，$u=u_i$，$x=x_j$，$u=u_j$ 可得 2 个方程，

$$u_i = ax_i + b, \quad u_j = ax_j + b \tag{6-6}$$

由式(6-6)解出

$$a = \frac{-u_i}{x_j - x_i} + \frac{u_j}{x_j - x_i}, \quad b = \frac{x_i}{x_j - x_i}u_i - \frac{-x_i}{x_j - x_i} - u_j \tag{6-7}$$

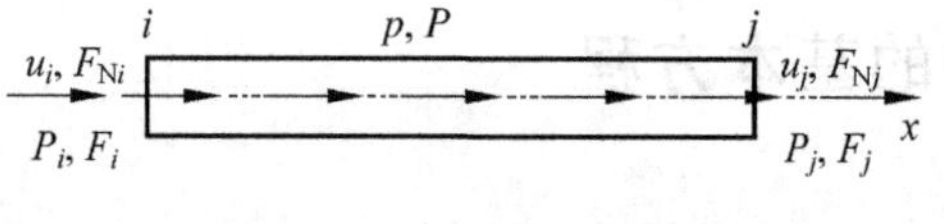

图 6-1 杆单元示意图

将 a,b 代入式(6-5)得到

$$u = \frac{x - x_j}{x_i - x_j}u_i + \frac{x - x_i}{x_j - x_i}u_j \tag{6-8}$$

称 u_i 和 u_j 的系数为形函数,单元内一点的位移式(6-8)可以写成

$$u = N_i u_i + N_j u_j = \boldsymbol{N}\boldsymbol{\delta}^e \tag{6-9}$$

其中,$\boldsymbol{N}$ 为由插值基函数 N_i 和 N_j 组成的矩阵,称为形函数矩阵

$$\boldsymbol{N} = \begin{bmatrix} N_i & N_j \end{bmatrix} \tag{6-10}$$

$$N_i = \frac{x - x_j}{x_i - x_j}, \quad N_j = \frac{x - x_i}{x_j - x_i} \tag{6-11}$$

形函数也可以根据形函数的性质直接构造。设形函数的形式如

$$N_i = \frac{f(x)}{f(x_i)}, \quad i = i,j \tag{6-12}$$

根据形函数本点为 1、他点为 0 的性质,分子为满足他点为零条件的数学方程,分母为分子在本点的取值。对于 i 点,如果选取分子 $f(x) = x - x_j$,对于 j 点,如果选取分子 $f(x) = x - x_i$,选取 i 点分母 $f(x_i) = x_i - x_j$,选取 j 点分母 $f(x_j) = x_j - x_i$,按照式(6-12)表示的形函数能够同时满足本点为 1 和他点为零的条件。将分子和分母代入式(6-12)得到和式(6-11)相同的结果。

以上推导可以看出按照形函数性质构造的形函数与通过位移模式构造的形函数完全相同。对于自由度较低的单元,可以通过假设位移模式的方法构造形函数,但是对于高阶单元,因为需要求解高阶线性代数方程组,已经很难通过求解代数方程组的方法获得形函数,多数采用形函数性质的方法构造形函数。例如求解空间问题的 20 节点三维实体单元,单元自由度高达 60 个,必须按照形函数的性质构造形函数。

2. 位移插值函数的性质

(1)从形函数式(6-11)容易看出插值函数具有本点为 1 他点为 0 的性质:

$$N_r(x_s) = \delta_{rs} = \begin{cases} 1, & r = s \\ 0, & r \neq s \end{cases}, \quad r,s = i,j \tag{6-13}$$

(2)位移插值函数应能反映单元刚体位移,对于轴力单元,刚体位移就是单元沿 x 轴的平动,设平动量为 u_0,则任一点 p 沿 x 轴的位移分量应为

$$u_p = u_0 \tag{6-14}$$

单元各节点沿 x 轴的位移分量也为

$$u_i = u_j = u_0 \tag{6-15}$$

将节点位移代入位移插值函数,并设点 p 的位移为

$$u_p = N_i u_0 + N_j u_0 = (N_i + N_j)u_0 \tag{6-16}$$

按照反映刚体位移的要求,式(6-14)和式(6-16)应为相同结果,亦即

$$(N_i + N_j)u_0 = u_0 \tag{6-17}$$

于是

$$N_i + N_j = 1 \tag{6-18}$$

即,如果位移函数能够反映刚体位移要求形函数的和等于1,所以形函数具有和为1的性质。

综上,形函数具有本点为1、他点为零与形函数和为1的性质。

3. 几何矩阵和内力矩阵

将位移插值函数代入拉压杆的几何方程,可将单元的应变分量表示为节点位移的函数

$$\varepsilon = \boldsymbol{B}\boldsymbol{\delta}^e \tag{6-19}$$

其中,

$$\boldsymbol{B} = \frac{\mathrm{d}\boldsymbol{N}}{\mathrm{d}x} = \left[\frac{\mathrm{d}N_i}{\mathrm{d}x} \quad \frac{\mathrm{d}N_j}{\mathrm{d}x} \right] \tag{6-20}$$

叫作轴力杆单元的几何矩阵,再将单元的应变式(6-19)代入拉压杆的物理方程(6-2),则

$$F_{\mathrm{N}} = EA\boldsymbol{B}\boldsymbol{\delta}^e = \boldsymbol{s}\boldsymbol{\delta}^e \tag{6-21}$$

其中

$$\boldsymbol{s} = EA\boldsymbol{B} \tag{6-22}$$

称为轴力杆单元的内力矩阵。

4. 载荷的移植

假设单元内一点有沿 x 轴的集中力 P,为利用直接节点平衡法建立有限元方程,需把它乘以适当的移置系数 w_i 和 w_j,移置到单元的节点 i 和 j 处,设节点载荷为 P_i 和 P_j,把它们写成列阵有

$$\boldsymbol{P}^e = \begin{bmatrix} P_i & P_j \end{bmatrix}^{\mathrm{T}} \tag{6-23}$$

移置后的节点载荷可表示为

$$\boldsymbol{P}^e = \boldsymbol{W}P \tag{6-24}$$

其中

$$\boldsymbol{W} = \begin{bmatrix} W_i & W_j \end{bmatrix}^{\mathrm{T}} \tag{6-25}$$

为移置系数列阵。

为选取合适的移置系数,应看一看要求节点载荷与原始载荷静力等效时,移置系数应满足的数学关系。在这里,静力等效就是要求节点载荷在 x 轴上的投影之和应等于原始载荷的投影。在 x 轴上,原始载荷的投影为

$$P_x = P \tag{6-26}$$

节点载荷的投影为

$$P_x = P_i + P_j \tag{6-27}$$

将移植后的节点载荷式(6-24)代入上式,有

$$P_x = W_i P + W_j P = (W_i + W_j)P \tag{6-28}$$

按静力等效要求,式(6-26)和式(6-28)应有相同结果,亦即要求

$$(W_i + W_j)P = P \tag{6-29}$$

得到

$$W_i + W_j = 1 \tag{6-30}$$

对比形函数之和为 1 的关系式(6-18)和载荷移植系数之和为 1 的关系式(6-30)可以看出,插值基函数应满足的数学关系和这里要求移置系数应满足的数学关系是相同的,所以可分别取与各节点位移分量对应的插值基函数作为集中力 P 向各个节点移置时的移置系数。这样,移植后的节点载荷式(6-24)可直接写为

$$\boldsymbol{P}^e = \boldsymbol{N}^T P \tag{6-31}$$

若单元上作用有分布载荷 $p(x)$,则可以先取一载荷微元 $p(x)\mathrm{d}x$,按集中载荷的移置方法进行移置,然后对载荷微元的移置结果在载荷分布的区域 l 内积分得到分布载荷的移置结果,亦即有

$$\boldsymbol{P}^e = \int_l \boldsymbol{N}^T p(x)\mathrm{d}x \tag{6-32}$$

5. 单元刚度矩阵

由单元的轴力 $F_N(x)$ 可求出单元的边界力,见图 6-1,

$$\begin{cases} F_{Ni} = F_N(x_i)l_i \\ F_{Nj} = F_N(x_j)l_j \end{cases} \tag{6-33}$$

其中

$$\begin{cases} l_i = -1 \\ l_j = 1 \end{cases} \tag{6-34}$$

分别为杆单元节点 i 和 j 处截面外法线的方向余弦,这样,式(6-33)可改写为

$$\begin{cases} F_{Ni} = -F_N(x_i) \\ F_{Nj} = F_N(x_j) \end{cases} \tag{6-35}$$

将以上得到的边界力向单元的节点移置得到单元节点的力 F'_i 和 F'_j,与图 6-1 中 F_i 和 F_j 的方向相反,作用在单元节点上。按照集中载荷的移置结果,式(6-31),并把 F'_i 和 F'_j 排一列阵 $\boldsymbol{F}'^e$ 可以写出

$$\boldsymbol{F'}^{e} = \begin{bmatrix} F'_i \\ F'_j \end{bmatrix} = \begin{bmatrix} F_{Ni}N_i(x_i) + F_{Nj}N_i(x_j) \\ F_{Ni}N_j(x_i) + F_{Nj}N_j(x_j) \end{bmatrix} = \begin{bmatrix} F_N(x_j)N_i(x_j) - F_N(x_i)N_i(x_i) \\ F_N(x_j)N_j(x_j) - F_N(x_i)N_j(x_i) \end{bmatrix}$$

(6-36)

上式的第二步代入了式(6-35)的结果,由一维域上的定积分公式可知,列阵中的两个元素也可以分别写成单元分布域内函数 $F_N N_i$ 和 $F_N N_j$ 的域内积分形式

$$\boldsymbol{F'}^{e} = \int_l \begin{bmatrix} \dfrac{\mathrm{d}(F_N N_i)}{\mathrm{d}x} \\ \dfrac{\mathrm{d}(F_N N_j)}{\mathrm{d}x} \end{bmatrix} \mathrm{d}x = \int_l \begin{bmatrix} \dfrac{\mathrm{d}N_i}{\mathrm{d}x}F_N + \dfrac{\mathrm{d}F_N}{\mathrm{d}x}N_i \\ \dfrac{\mathrm{d}N_j}{\mathrm{d}x}F_N + \dfrac{\mathrm{d}F_N}{\mathrm{d}x}N_j \end{bmatrix} \mathrm{d}x$$

(6-37)

考虑到作用于单元上的外载荷已被移置到节点处,单元域内的轴力为常量,应有 $\dfrac{\mathrm{d}F_N}{\mathrm{d}x}=0$。所以,式(6-37)可写为

$$\boldsymbol{F'}^{e} = \int_l \begin{bmatrix} \dfrac{\mathrm{d}N_i}{\mathrm{d}x} \\ \dfrac{\mathrm{d}N_j}{\mathrm{d}x} \end{bmatrix} F_N \mathrm{d}x = \left(\int_l \boldsymbol{B}^{\mathrm{T}}(EA)\boldsymbol{B}\mathrm{d}x \right) \boldsymbol{\delta}^{e} = \boldsymbol{K}^{e}\boldsymbol{\delta}^{e}$$

(6-38)

式中的第二步引入了几何矩阵式(6-20)和轴力式(6-21)的结果,且有

$$\boldsymbol{K}^{e} = \int_l \boldsymbol{B}^{\mathrm{T}}(EA)\boldsymbol{B}\mathrm{d}x$$

(6-39)

叫做单元的刚度矩阵,其中的元素可视为节点位移对单元移植到节点的节点力影响系数,此节点力作用在节点上,是单元对节点的作用力。

将形函数式(6-11)代入几何矩阵式(6-22),再将几何矩阵代入单元刚度矩阵式(6-39),可以得到单元刚度矩阵的显式

$$\boldsymbol{K}^{e} = \frac{EA}{l}\begin{bmatrix} 1 & -1 \\ -1 & 1 \end{bmatrix}$$

(6-40)

由式(6-40)可见,单元刚度矩阵为一对称矩阵,同时从推导的过程可知单元刚度矩阵与位移模式有关,与单元的材料、单元的面积和长度等尺寸有关。

6.2 弯曲问题的梁单元

在材料力学里也已经知道,由于引入了平面假设,并且在小变形情况下梁的轴线上没有应变,梁内位移、应变、应力这些物理量沿杆件横截面的变化规律已被确定,只需要再找到杆轴线上的挠度、曲率、横截面上的弯矩沿着轴线(一般被设为 x 坐标轴)的变化规律,则杆件内任一点的位移分量、应变分量、应力分量,都可以用材料力学中的方法求出。所要找的梁的挠度、曲率、弯矩,也常被分别称为梁的广义位移、广义应变、广义应力,下面将列出在材料力学里已经熟知的这些物理量的控制方程,以

备后续推导引用。

6.2.1 梁弯曲问题的基本方程

已知梁的结构与载荷如图 6-2 所示。

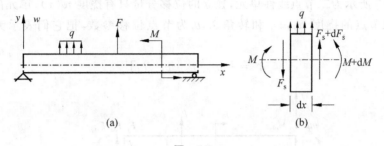

图 **6-2**

(a) 梁的结构与载荷；(b) 剪力、弯矩与载荷集度

1. 几何方程

广义位移为梁轴线的挠度 $w(x)$，广义应变为轴线的曲率 $\eta(x)$，它们之间的关系为梁的几何方程

$$\eta(x) = \frac{\mathrm{d}^2 w}{\mathrm{d} x^2} \tag{6-41}$$

2. 物理方程

设梁横截面上的弯矩为 $M(x)$，在小变形条件下，线性化的弯矩与曲率关系即为梁的物理方程

$$M(x) = EI\eta(x) \tag{6-42}$$

其中，EI 为梁的抗弯刚度，η 为梁在一点的曲率。

3. 平衡方程

由图 6-2(b)，利用平衡方程，略去高阶微可以求出

$$\begin{cases} \dfrac{\mathrm{d} F_s}{\mathrm{d} x} = -q \\[2mm] F_s = -\dfrac{\mathrm{d} M}{\mathrm{d} x} \end{cases} \tag{6-43}$$

其中，F_s 和 M 分别为梁横截面上的剪力和弯矩，q 为横向载荷的分布集度，将 F_s 代入式 (6-43) 的第一式，得到

$$\frac{\mathrm{d}^2 M}{\mathrm{d} x^2} = -q \tag{6-44}$$

6.2.2 梁弯曲问题的有限元列式推导

1. 单元位移插值函数

图 6-3 所示为二节点线性单元,独立的位移分量只有挠度 $w(x)$,单元的节点为 i 和 j。取节点的挠度 w_i,w_j 和转角 θ_i,θ_j 为节点位移参数,把它们表示为列阵形式,有

$$\boldsymbol{\delta}^e = \begin{bmatrix} w_i & \theta_i & w_j & \theta_j \end{bmatrix}^\mathrm{T} \tag{6-45}$$

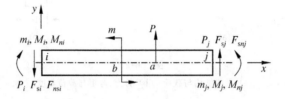

图 6-3 梁单元示意图

根据梁单元具有 4 个节点位移的特点,假设位移函数为 x 的三次函数,如下

$$w(x) = ax^3 + bx^2 + cx + d \tag{6-46}$$

其中,a,b,c,d 为待定参数,由边界条件

$$\begin{cases} x = x_i, & w = w_i, & \theta = \theta_i \\ x = x_j, & w = w_j, & \theta = \theta_j \end{cases} \tag{6-47}$$

可得 4 阶线性代数方程组

$$\begin{cases} ax_i^3 + bx_i^2 + cx_i + d = w_i \\ 3ax_i^2 + 2bx_i + c = \theta_i \\ ax_j^3 + bx_j^2 + cx_j + d = w_j \\ 3ax_j^2 + 2bx_j + c = \theta_j \end{cases} \tag{6-48}$$

解式(6-48)可得

$$\begin{cases} a = \dfrac{2}{l^3}w_i + \dfrac{1}{l^2}\theta_i - \dfrac{2}{l^3}w_j + \dfrac{1}{l^2}\theta_j \\[2mm] b = -\dfrac{3}{l^3}(x_j + x_i)w_i - \dfrac{1}{l^2}(2x_j + x_i)\theta_i + \dfrac{3}{l^3}(x_j + x_i)w_j - \dfrac{1}{l^2}(x_j + 2x_i)\theta_j \\[2mm] c = \dfrac{6x_ix_j}{l^3}w_i + \dfrac{1}{l^2}(l^2 + 4x_ix_j - x_i^2)\theta_i - \dfrac{6x_ix_j}{l^3}w_j + \dfrac{x_i}{l^2}(x_i + 2x_j)\theta_j \\[2mm] d = \dfrac{3}{l^3}[l^3 + x_i^2(x_i - 3x_j)]w_i - \dfrac{x_ix_j^2}{l^2}\theta_i + \dfrac{x_i^2}{l^3}(3x_j - x_i)w_j - \dfrac{x_i^2x_j}{l^2}\theta_j \end{cases}$$

$$\tag{6-49}$$

其中,$l = x_j - x_i$ 是梁单元的长度。将 a,b,c,d 的表达式(6-49)代入位移函数式(6-46),

按照节点位移排列,得到

$$w(x) = N_i(x)w_i + N_{\theta i}(x)\theta_i + N_j(x)w_j + N_{\theta j}(x)\theta_j = \boldsymbol{N}\boldsymbol{\delta}^e \quad (6\text{-}50)$$

其中

$$\boldsymbol{N} = \begin{bmatrix} N_i & N_{\theta i} & N_j & N_{\theta j} \end{bmatrix} \quad (6\text{-}51)$$

$$\begin{cases} N_i = \dfrac{1}{l^3}(x - x_j)^2(2x - 3x_i - x_j) \\[2mm] N_{\theta i} = \dfrac{1}{l^2}(x - x_j)^2(x - x_i) \\[2mm] N_j = \dfrac{1}{l^3}(x - x_i)^2(-2x + 3x_j - x_i) \\[2mm] N_{\theta j} = \dfrac{1}{l^2}(x - x_i)^2(x - x_j) \end{cases} \quad (6\text{-}52)$$

可以证明式(6-52)的形函数具有本点为1、他点为零以及和为1的性质。

对式(6-50)求导,得到梁单元内一点的转角方程

$$\theta(x) = \frac{\mathrm{d}w}{\mathrm{d}x} = \frac{\mathrm{d}\boldsymbol{N}}{\mathrm{d}x}\boldsymbol{\delta}^e \quad (6\text{-}53)$$

梁单元的形函数也可以按照形函数的性质直接构造,考虑到梁的节点位移包括挠度和转角,形函数分两步构造。

形函数 N_i 和 N_j 的构造

按照本点为1、他点为0的性质,形函数 N_i 应该满足

$$\begin{cases} N_i(x_i) = 1 \\ N_i{}'(x_i) = 0 \\ N_i(x_j) = 0 \\ N_i{}'(x_j) = 0 \end{cases} \quad (6\text{-}54)$$

由式(6-54)的后2式可知 $N_i(x)$ 中应包括 $(x - x_j)^2$ 的项,同时按照2节点梁单元具有4个节点位移的特点,形函数应该是 x 的三次函数,可设

$$N_i = (x - x_j)^2(ax + b) \quad (6\text{-}55)$$

其中 a, b 为待定参数。对上式求导,得到

$$N_i{}' = 2(x - x_j)(ax + b) + (x - x_j)^2 a \quad (6\text{-}56)$$

由形函数的性质可知,式(6-55)和式(6-56)应满足式(6-54),将 x_i 代入式(6-55)和式(6-56),利用式(6-54)中的前2式,可得

$$\begin{cases} ax_i + b = \dfrac{1}{l^2} \\[2mm] -2l\dfrac{1}{l^2} + l^2 a = 0 \end{cases} \quad (6\text{-}57)$$

由式(6-57)解出

$$a = \frac{2}{l^3}$$

$$b = \frac{1}{l^3}(x_j - 3x_i)$$

将 a, b 代入式(6-55),得到

$$N_i = \frac{1}{l^3}(x - x_j)^2(2x - 3x_i - x_j) \tag{6-58}$$

同理可得

$$N_j = \frac{1}{l^3}(x - x_i)^2(-2x + 3x_j - x_i) \tag{6-59}$$

形函数 $N_{\theta i}$ 和 $N_{\theta j}$ 的构造

按照形函数的性质,形函数 $N_{\theta i}$ 应该满足

$$\begin{cases} N_{\theta i}(x_i) = 0 \\ N'_{\theta i}(x_i) = 1 \\ N_{\theta i}(x_j) = 0 \\ N'_{\theta i}(x_j) = 0 \end{cases} \tag{6-60}$$

因此,$N_{\theta i}(x)$ 中应包括 $(x - x_i)$ 和 $(x - x_j)^2$ 的项,且形函数应该是 x 的三次函数,设

$$N_{\theta i} = a(x - x_i)(x - x_j)^2 \tag{6-61}$$

其中 a 为待定参数,对式(6-61)求导,得到

$$N'_{\theta i} = a[(x - x_j)^2 + 2(x - x_i)(x - x_j)] \tag{6-62}$$

将 x_i 代入式(6-62),利用式(6-60)的第2式可得

$$a = \frac{1}{l^2}$$

将 a 代入式(6-61)得到

$$N_{\theta i} = \frac{1}{l^2}(x - x_i)(x - x_j)^2 \tag{6-63}$$

同理可得

$$N_{\theta j} = \frac{1}{l^2}(x - x_i)^2(x - x_j) \tag{6-64}$$

2. 位移插值函数的性质

(1) 为保证在位移插值函数中代入某节点的坐标时,所求出的正是该节点的节点位移,插值基函数应满足如下关系

$$\begin{cases} N_r(x_s) = \delta_{rs}, & \dfrac{\mathrm{d}N_r(x_s)}{\mathrm{d}x} = 0, & r,s = i,j \\[2mm] N_{\theta r}(x_s) = 0, & \dfrac{\mathrm{d}N_{\theta r}(x_s)}{\mathrm{d}x} = \delta_{ij}, & r,s = i,j \end{cases} \tag{6-65}$$

δ_{ij} 为 Kronecker 符号。

(2) 位移插值函数应具备反映单元刚体位移的能力,亦即当单元发生刚体位移时,由插值函数算出的单元内任一点的位移,正是该点在单元作刚体位移时应该有的。单元的刚体位移可以由在垂直方向的平动和在平面里绕坐标原点的转动组成。下面分别计算单元内任一点在这两个分量下的挠度和转角,看一看在能反映单元刚体位移要求下插值基函数应满足的数学关系。

1) 计算任一点 p 的挠度

(1) 在单元只有垂直平动 w_0 时

这时,点 p 的挠度应为

$$w_p = w_0 \tag{6-66}$$

同时,单元的各节点位移为

$$\begin{cases} w_i = w_j = w_0 \\ \theta_i = \theta_j = 0 \end{cases} \tag{6-67}$$

将以上节点位移代入位移插值函数算得点 p 的挠度为

$$w_p = N_i w_0 + N_j w_0 + 0 = (N_i + N_j) w_0 \tag{6-68}$$

按反映刚体位移要求,式(6-66)与式(6-68)应有相同结果,亦即

$$(N_i + N_j) w_0 = w_0 \tag{6-69}$$

得

$$(N_i + N_j) = 1 \tag{6-70}$$

(2) 在单元只有转动 θ_0 时

这时,坐标为 x_p 的点 p 的挠度为

$$w_p = \theta_0 x_p \tag{6-71}$$

同时,单元的各个节点位移为

$$\begin{cases} w_i = \theta_0 x_i \\ w_j = \theta_0 x_j \\ \theta_i = \theta_j = \theta_0 \end{cases} \tag{6-72}$$

将以上节点位移代入位移插值函数,得到点 p 的挠度为

$$\begin{aligned} w_p &= N_i(x_p) x_i \theta_0 + N_{\theta i}(x_p) \theta_0 + N_j(x_p) x_j \theta_0 + N_{\theta j}(x_p) \theta_0 \\ &= [N_i(x_p) x_i + N_{\theta i}(x_p) + N_j(x_p) x_j + N_{\theta j}(x_p)] \theta_0 \end{aligned} \tag{6-73}$$

按照反映刚体位移的要求,式(6-71)和式(6-73)应得到相同的结果,亦即

$$x_p\theta_0 = (N_ix_i + N_{\theta i} + N_jx_j + N_{\theta j})\theta_0 \tag{6-74}$$

得

$$x_p = (N_ix_i + N_{\theta i} + N_jx_j + N_{\theta j}) \tag{6-75}$$

2) 计算任一点 p 的转角

(1) 在单元平动 w_0 时

这时点 p 处的转角应为

$$\theta_p = 0 \tag{6-76}$$

而单元的各个节点位移已如式(6-67)所示,将其代入位移插值函数算得点 p 处的转角为

$$\theta_p = \left(\frac{\mathrm{d}w}{\mathrm{d}x}\right)_p = \frac{\mathrm{d}N_i}{\mathrm{d}x}w_0 + \frac{\mathrm{d}N_j}{\mathrm{d}x}w_0 + 0 = \left(\frac{\mathrm{d}N_i}{\mathrm{d}x} + \frac{\mathrm{d}N_j}{\mathrm{d}x}\right)w_0 \tag{6-77}$$

按照反映刚体位移的要求,式(6-76)和式(6-77)应有相同结果,亦即

$$\left(\frac{\mathrm{d}N_i}{\mathrm{d}x} + \frac{\mathrm{d}N_j}{\mathrm{d}x}\right)w_0 = 0 \tag{6-78}$$

得

$$\frac{\mathrm{d}N_i}{\mathrm{d}x} + \frac{\mathrm{d}N_j}{\mathrm{d}x} = 0 \tag{6-79}$$

(2) 在单元转动 θ_0 时

这时,点 p 的转角应为

$$\theta_p = \theta_0 \tag{6-80}$$

而单元各个节点位移已如式(6-72)所示,将其代入插值函数算得 p 点处的转角为

$$\theta_p = \left(\frac{\mathrm{d}w}{\mathrm{d}y}\right)_p \doteq \frac{\mathrm{d}N_i}{\mathrm{d}x}x_i\theta_0 + \frac{\mathrm{d}N_{\theta i}}{\mathrm{d}x}\theta_0 + \frac{\mathrm{d}N_j}{\mathrm{d}x}x_j\theta_0 + \frac{\mathrm{d}N_{\theta j}}{\mathrm{d}x}\theta_0$$

$$= \left(\frac{\mathrm{d}N_i}{\mathrm{d}x}x_i + \frac{\mathrm{d}N_{\theta i}}{\mathrm{d}x} + \frac{\mathrm{d}N_j}{\mathrm{d}x}x_j + \frac{\mathrm{d}N_{\theta j}}{\mathrm{d}x}\right)\theta_0 \tag{6-81}$$

按照能反映刚体位移的要求,式(6-69)和(6-70)应有相同结果,亦即

$$\left(\frac{\mathrm{d}N_i}{\mathrm{d}x}x_i + \frac{\mathrm{d}N_{\theta i}}{\mathrm{d}x} + \frac{\mathrm{d}N_j}{\mathrm{d}x}x_j + \frac{\mathrm{d}N_{\theta j}}{\mathrm{d}x}\right)\theta_0 = \theta_0 \tag{6-82}$$

得

$$\frac{\mathrm{d}N_i}{\mathrm{d}x}x_i + \frac{\mathrm{d}N_{\theta i}}{\mathrm{d}x} + \frac{\mathrm{d}N_j}{\mathrm{d}x}x_j + \frac{\mathrm{d}N_{\theta j}}{\mathrm{d}x} = 1 \tag{6-83}$$

以上得到的式(6-70),式(6-75),式(6-79)和式(6-83)就是当要求位移插值函数有反映单元刚体位移能力时,其插值基函数应满足的数学关系。其中前两个含插值基函数本身,后两个含有它们对 x 的导数。

3. 几何矩阵和应力矩阵

将位移插值函数代入梁的几何方程(6-41),可将单元内一点的应变表示为节点位移的函数

$$\eta = B\delta^e \tag{6-84}$$

其中

$$B = \frac{\mathrm{d}^2 N}{\mathrm{d}x^2} \tag{6-85}$$

称为梁的几何矩阵,再将梁的曲率式(6-84)代入梁的物理方程(6-42),得

$$M(x) = EIB\delta^e = S\delta^e \tag{6-86}$$

其中

$$S = EIB \tag{6-87}$$

称为梁的应力矩阵。

4. 单元的载荷列阵

假设在图 6-3 中梁单元的点 a 处作用有法向集中力 P,在点 b 处作用有集中力偶 m,为建立节点平衡方程,需要把它们乘以适当的移置系数,静力等效地移置到单元的相关节点上,得到节点载荷。把与各节点位移对应的节点载荷分别表以 P_i, m_i 与 P_j, m_j,见图 6-3,把它排成一个列阵,有

$$R^e = \begin{bmatrix} P_i & m_i & P_j & m_j \end{bmatrix}^T \tag{6-88}$$

则载荷 P 和 m 移置到节点后的节点载荷可分别表示为

$$R^e = W_a^T P \tag{6-89}$$

$$R^e = W_b^T m \tag{6-90}$$

其中,

$$W = \begin{bmatrix} W_i & W_{\theta i} & W_j & W_{\theta j} \end{bmatrix}^T \tag{6-91}$$

为需要确定的移置系数列阵,并在载荷作用点处取值。

为了选取合适的移置系数,需要确定当节点载荷与原始载荷静力等效时移置系数应满足的数学关系,这里,静力等效就是要求二者在铅垂方向(坐标轴 z)的投影和对坐标原点的矩应分别相等。

1) 集中力的移置

(1) 所要求的数学关系推导

① 考虑载荷在 y 轴上的投影

在 y 轴上,原始力的投影为

$$P_y = P \tag{6-92}$$

节点载荷的投影为

$$P_y = P_i + P_j \tag{6-93}$$

将集中力移植到节点的式(6-89)代入上式,有

$$P_y = W_i P + W_j P = (W_i + W_j)P \tag{6-94}$$

按照静力等效的要求,式(6-92)和式(6-94)应得相同结果,亦即

$$(W_i + W_j)P = P \tag{6-95}$$

得

$$W_i + W_j = 1 \tag{6-96}$$

② 考虑载荷对坐标原点的矩

原始力 P 对坐标原点的力矩为

$$m_0 = x_a p \tag{6-97}$$

节点载荷对坐标原点的矩为

$$m_0 = x_i P_i + m_i + x_j P_j + m_j \tag{6-98}$$

将集中力 P 移植到节点的式(6-89)代入上式,有

$$
\begin{aligned}
m_0 &= W_i x_i P + W_{\theta i} P + W_j x_j P + W_{\theta j} P \\
&= (W_i x_i + W_{\theta i} + W_j x_j + W_{\theta j})P
\end{aligned}
\tag{6-99}
$$

按静力等效要求,式(6-97)和式(6-99)应得到相同的结果,即

$$x_a P = (W_i x_i + W_{\theta i} + W_j x_j + W_{\theta j})P \tag{6-100}$$

得

$$x_a = (W_i x_i + W_{\theta i} + W_j x_j + W_{\theta j}) \tag{6-101}$$

(2) 移置系数的选取

式(6-96)和式(6-101)是按静力等效原则集中力 P 移置时,移置系数应满足的数学关系,只有在单元里处处满足这些数学关系的函数才能做集中力 P 的移置系数。回顾前面的式(6-70)和式(6-75)会发现:在那里使用的插值基函数已满足的数学关系和这里要求移置系数满足的关系完全相同,因此,可直接取那里与各个节点位移分量对应的插值基函数作为这里集中力 P 移置时各个节点载荷分量的移置系数。这样,将集中力 P 移植到节点的式(6-89)可直接改写为

$$\boldsymbol{R}^e = \boldsymbol{N}_a^{\mathrm{T}} P \tag{6-102}$$

这里,形函数 $\boldsymbol{N}$ 已如式(6-51)所示,只是其中的各个元素要在点 a 取值。

2) 集中力偶 m 的移置

(1) 所要求的数学关系的推导

① 考虑在 y 轴上的投影 P_y

在 y 轴上,原始力的投影为

$$P_y = 0 \tag{6-103}$$

节点载荷的投影为

$$P_y = P_i + P_j \qquad (6\text{-}104)$$

将力偶 m 移植到节点的式(6-90)代入上式,有

$$P_y = W_i m + W_j m = (W_i + W_j)m \qquad (6\text{-}105)$$

按照静力等效的要求,式(6-92)和式(6-94)应得相同结果,亦即

$$(W_i + W_j)m = 0 \qquad (6\text{-}106)$$

得

$$W_i + W_j = 0 \qquad (6\text{-}107)$$

② 考虑对坐标原点的矩

对于坐标原点,原始力的矩为

$$m_0 = m \qquad (6\text{-}108)$$

节点载荷的矩为

$$m_0 = x_i P_i + m_i + x_j P_j + m_j \qquad (6\text{-}109)$$

将力偶 m 移植到节点的式(6-90)代入上式,有

$$m_0 = W_i x_i m + W_{\theta i} m + W_j x_j m + W_{\theta j} m$$
$$= (W_i x_i + W_{\theta i} + W_j x_j + W_{\theta j})m \qquad (6\text{-}110)$$

按照静力等效要求,式(6-108)和式(6-110)应得相同结果,亦即

$$(W_i x_i + W_{\theta i} + W_j x_j + W_{\theta j})m = m \qquad (6\text{-}111)$$

得

$$(W_i x_i + W_{\theta i} + W_j x_j + W_{\theta j}) = 1 \qquad (6\text{-}112)$$

(2) 移置系数的选取

式(6-107)和式(6-112)是按照静力等效要求集中力偶 m 移置时,移置系数应满足的数学关系,只有在单元里处处满足这些数学关系的函数才能做集中力偶 m 的移置系数。回顾式(6-79)和式(6-83)会发现:在那里使用的插值基函数对 x 的导数已满足的数学关系和这里要求移置系数满足的是完全相同的,因此,可直接取那里与各个节点位移分量对应的插值基函数对 x 的导数作为这里集中力偶移置时各个节点载荷分量的移置系数。这样,将力偶 m 移植到节点的式(6-90)可直接改写为

$$\boldsymbol{R}^e = \left.\frac{d\boldsymbol{N}^T}{dx}\right|_b m \qquad (6\text{-}113)$$

其中

$$\left.\frac{d\boldsymbol{N}^T}{dx}\right|_b = \left[\begin{array}{cccc}\dfrac{dN_i}{dx} & \dfrac{dN_{\theta i}}{dx} & \dfrac{dN_j}{dx} & \dfrac{dN_{\theta j}}{dx}\end{array}\right]_b^T \qquad (6\text{-}114)$$

为各个元素在点 b 的取值。

若单元上有分布载荷,可以先取一载荷微元,做类似于集中载荷的移置,然后把结果在载荷分布域内积分即得所要结果。

5. 单元刚度矩阵

由单元广义应力 $M(x)$，可以求单元的广义边界力 $F_{sni} M_{ni} F_{snj} M_{nj}$，见图 6-3，如下式

$$\begin{cases} F_{sni} = - n_i \dfrac{\mathrm{d}M}{\mathrm{d}x}(x_i) \\[2mm] M_{ni} = n_i M(x_i) \\[2mm] F_{snj} = - n_j \dfrac{\mathrm{d}M}{\mathrm{d}x}(x_j) \\[2mm] M_{nj} = n_j M(x_j) \end{cases} \tag{6-115}$$

式中，n_i 和 n_j 分别为梁单元端部截面外法线的方向余弦，有

$$n_i = -1, \quad n_j = 1 \tag{6-116}$$

所以，式(6-115)可写为

$$\begin{cases} F_{sni} = \dfrac{\mathrm{d}M}{\mathrm{d}x}(x_i) \\[2mm] M_{ni} = - M(x_i) \\[2mm] F_{snj} = - \dfrac{\mathrm{d}M}{\mathrm{d}x}(x_j) \\[2mm] M_{nj} = M(x_j) \end{cases} \tag{6-117}$$

为了建立有限元方程，需要把上述单元边界力移置到单元节点上，得到单元的节点力 F_{si}, M_i, F_{sj}, M_j，见图 6-3，把它们排成列阵有

$$\boldsymbol{F}'^e = \begin{bmatrix} F_{si} & M_i & F_{sj} & M_j \end{bmatrix}^{\mathrm{T}} \tag{6-118}$$

按照单元载荷移置结果的公式(6-102)和(6-113)，可直接写出单元边界力的移置结果

$$\begin{aligned} \boldsymbol{F}'^e &= \boldsymbol{N}_i^{\mathrm{T}} F_{sni} + \left. \frac{\mathrm{d}\boldsymbol{N}^{\mathrm{T}}}{\mathrm{d}x}\right|_i M_{ni} + \boldsymbol{N}_j^{\mathrm{T}} F_{snj} + \left.\frac{\mathrm{d}\boldsymbol{N}^{\mathrm{T}}}{\mathrm{d}x}\right|_j M_{nj} \\ &= \boldsymbol{N}_i^{\mathrm{T}} \frac{\mathrm{d}M}{\mathrm{d}x}(x_i) - \left.\frac{\mathrm{d}\boldsymbol{N}^{\mathrm{T}}}{\mathrm{d}x}\right|_i M(x_i) - \boldsymbol{N}_j^{\mathrm{T}} \frac{\mathrm{d}M}{\mathrm{d}x}(x_j) + \left.\frac{\mathrm{d}\boldsymbol{N}^{\mathrm{T}}}{\mathrm{d}x}\right|_j M(x_j) \end{aligned} \tag{6-119}$$

式中的第二步代入了式(6-117)的结果。根据一维域上定积分的公式，可以把以上结果转化为单元域内积分的形式，有

$$\begin{aligned} \boldsymbol{F}'^e &= \int_L \frac{\mathrm{d}}{\mathrm{d}x}\left(- \boldsymbol{N} \frac{\mathrm{d}M}{\mathrm{d}x} + \frac{\mathrm{d}\boldsymbol{N}^{\mathrm{T}}}{\mathrm{d}x} M(x) \right) \mathrm{d}x \\ &= \int_L - \frac{\mathrm{d}\boldsymbol{N}^{\mathrm{T}}}{\mathrm{d}x} \frac{\mathrm{d}M}{\mathrm{d}x} - \boldsymbol{N}^{\mathrm{T}} \frac{\mathrm{d}^2 M}{\mathrm{d}x^2} + \frac{\mathrm{d}^2 \boldsymbol{N}^{\mathrm{T}}}{\mathrm{d}x^2} M(x) + \frac{\mathrm{d}\boldsymbol{N}^{\mathrm{T}}}{\mathrm{d}x} \frac{\mathrm{d}M}{\mathrm{d}x} \end{aligned} \tag{6-120}$$

$\boldsymbol{F}'^e$ 中的"'"的意义为此节点力是单元施加在节点上的力，取单元为研究对象此力并不出现，只有取节点为研究对象时，此力才出现，其方向按与坐标轴的关系确定，剪力与坐标轴同向为正，反向为负，弯矩逆时针为正，顺时针为负。

应注意到,单元上的载荷已先被移置到单元的相关节点上,在弯矩为常量的条件下,应有 $\dfrac{\mathrm{d}M}{\mathrm{d}x}=0$,再引入几何矩阵式(6-85)和应力矩阵式(6-86)的结果,式(6-120)可写为

$$\boldsymbol{F}'^{\mathrm{e}} = \left(\int_l \boldsymbol{B}^{\mathrm{T}}(EI)\boldsymbol{B}\mathrm{d}x \right) \boldsymbol{\delta}^{\mathrm{e}} = \boldsymbol{k}^{\mathrm{e}}\boldsymbol{\delta}^{\mathrm{e}} \tag{6-121}$$

其中

$$\boldsymbol{k}^{\mathrm{e}} = \int_l \boldsymbol{B}^{\mathrm{T}}(EI)\boldsymbol{B}\mathrm{d}x \tag{6-122}$$

叫做单元刚度矩阵,它联系着单元移植到节点的节点力和单元节点位移,其中的元素可视为某节点位移对某节点力的影响系数。

将形函数式(6-52)代入几何矩阵(6-85),再将几何矩阵(6-85)代入单元刚度矩阵(6-122)可以得到 2 节点梁单元刚度矩阵的显式

$$\boldsymbol{K}^{\mathrm{e}} = \frac{2EI}{l^3} \begin{bmatrix} 6 & 3l & -6 & 3l \\ 3l & 2l^2 & -3l & l^2 \\ -6 & -3l & 6 & -3l \\ 3l & l^2 & -3l & l^2 \end{bmatrix} \tag{6-123}$$

从单元刚度矩阵(6-123)可以看出单元刚度矩阵为对称矩阵,单元刚度矩阵与位移模式、材料参数、单元截面的惯性矩和长度等尺寸有关。

第7章　有限元商业软件介绍与有限元的实施

7.1　有限元商业软件介绍

7.1.1　Marc 介绍

Marc 软件是处理高度组合非线性结构、热及其他物理场和耦合场问题的高级有限元软件。它所具有的单元技术、网格自适应及重划分能力、广泛的材料模型、可靠的处理高度非线性问题能力以及基于求解器的开放性使之广泛应用于产品加工过程仿真、性能仿真和优化设计中。此外,其独有的基于区域分割的并行有限元技术能够实现在共享式、分布式或网络多 CPU 环境下的非线性有限元分析,大幅度提高了非线性分析的效率。

1. Marc 软件的组成和运行环境

Marc 软件由求解器、前后处理图形对话界面 Mentat、六面体网格划分器 Hexmesh 及与其他软件的接口等部分组成。

1) 求解器

通常把 Marc 也称为求解器,它是软件的核心,软件强大的非线性有限元分析功能就是由求解器来完成的。它可以处理线性/非线性静力分析、模态分析、简谐响应分析、频谱分析、随机振动分析、动力响应分析、自动静/动力分析、曲屈/失稳、失效/破坏分析等。它提供了丰富的结构单元、连续单元和特殊单元的单元库,几乎每种单元都具有处理大变形几何非线性、材料非线性和包括接触在内的边界条件非线性以及组合高度非线性的能力。

为了满足用户的特殊需要和进行二次开发,求解器还提供了方便的开放式用户环境。用户子程序入口包括几何建模、网格划分、边界定义、材料选择到分析求解、结果输出,用户能够访问并修改程序的默认设置,扩展了有限元的分析功能。

2) 前后处理图形对话界面 Mentat

Mentat 使用方便、显示快速且功能完备,使用户可以专注于解决问题。Mentat 与求解器无缝连接,其功能包括以 ACIS 为内核的实体造型、全自动二维三角形和四边形及三维四面体和六面体网格自动划分建模、直观灵活的多种材料模型定义和边界条件的定义、分析过程控制定义和自动检查分析模型完善性、实时监控分析、方便的可视化处理计算结果以及先进的光照、渲染、动画和电影制作等。

3) 六面体网格划分器 Hexmesh

Hexmesh 的全自动六面体网格划分功能代表了网格划分技术的最新突破,可将任意三维块状几何实体快速准确地自动划分出几何形态良好的六面体单元。通过实施内部稀疏网格向表面密集网格的过渡,能够有效地减少单元总数,同时保证了表面可能的应力集中区域所需的网格密度。它与 Mentat 完全集成,能够对 Mentat 生成的实体或通过 CAD 接口传入的由其他 AD 造型的实体进行自动的六面体网格划分。

4) 与其他软件的接口

Mentat 除自身的实体造型功能外,还配有与 CAD 和 CAE 软件交换几何造型和有限元模型的数据文件接口,包括 AUTOCAD, ACIS, IGES, C2MOLD, STL, I2DEAS, CATIA, NASTRAN, PA2TRAN, VDAFS 等,这使 Marc 具有更好的灵活性和通用性。

5) 运行环境与配置

Marc 软件广泛支持各种硬件平台,包括 U2NIX 操作系统的工作站或服务器 SGI, HP, IBM, SUN, DEC 等,以及 InterPentium, DECAlpha 和 Compaq 的基于 Windows NT 的 PC 机和工作站,并可在上述平台的多 CPU 或网络环境下进行并行处理。计算机的内存通常应在 128MB 以上,方可满足有限元计算和图形处理的需要。

2. Marc 的非线性分析功能及特点

Marc 软件提供了多种场问题的求解功能,包括各种结构的位移场和应力场分析、非结构的温度场分析、流场分析、电场、磁场、声场分析以及多种场的耦合分析,其中最突出的是它的非线性分析能力。

1) 线性结构分析

Marc 提供了强有力的线性分析功能,包括线性的静力分析、线性动力响应分析、线性系统的模态和线性曲屈分析等。Marc 的线性分析还提供了用误差估计评定线弹性分析精度的功能,通过激活误差估计选项,可提供对求解结果质量的评定信息,可以此为依据进一步利用网格重划或调整网格形态来提高结果精度。

2) 非线性结构分析

Marc 软件可以处理几何、材料和边界三类非线性问题。Marc 提供了基于总体拉格朗日描述的大位移分析,Marc软件具有很强的曲屈和失稳分析功能,支持用特征值的计算方法分析结构的线性和非线性曲屈载荷。对于高度非线性曲屈和后曲屈问题,可采用自适应弧长控制的增量有限元分析追踪分析失稳路径。

Marc采用的基于应变能的克希霍夫应力超弹性材料模型进行材料非线性分析,可以用于由塑性、粘塑性、蠕变等材料非线性问题。Marc材料非线性计算功能在橡胶制品、玻璃制品、生物医疗制品等使用非线性材料的生产行业以及对诸如混凝土、陶瓷、木材、土壤、沙石等非线性材料的分析中得到了广泛应用。特别适合求解需要考虑回弹方面的问题。

在塑性成型、密封和撞击问题中,包括接触和摩擦作用属于高度边界非线性问题,同时加载方向随结构变形而变化的外力也属于载荷依赖于位移的边界非线性问题。Marc采用非线性方程组、数值解法、接触迭代以及自适应时间载荷步长选择来确保快速准确地求解非线性问题,也可以求解几何、材料和边界非线性耦合的非线性问题。

7.1.2 ANSYS 简介

ANSYS是一种广泛的商业工程分析软件。包含了前置处理、解题程序以及后处理,将有限元分析、计算机图形学和优化技术相结合,已成为现代工程学问题必不可少的工具,在机械、电机、土木、电子及航空等领域得到广泛使用。

1. ANSYS 软件主要功能

ANSYS软件是融结构、热、流体、电磁、声学于一体的大型通用有限元软件,功能包括:结构线性与非线性分析、热分析、电磁分析、流体力学分析、声场分析、压电分析、设计优化、接触分析、自适应网格划分及利用ANSYS参数设计语言扩展宏命令功能。

结构分析:用于确定结构的变形、应变、应力及反作用力等。

结构静力分析:静力分析适合求解惯性和阻尼对结构的影响并不显著的问题,静力分析不仅可以进行线性分析,而且也可以进行非线性分析,如塑性、蠕变、膨胀、大变形、大应变及接触分析。

结构动力学分析:结构动力学分析用来求解随时间变化的载荷对结构或部件的影响。动力分析可以考虑随时间变化载荷以及它对阻尼和惯性的影响。ANSYS可进行的结构动力学分析类型包括:瞬态动力学分析、模态分析、谐波响应分析及随机振动响应分析。

结构非线性分析:ANSYS程序可求解静态和瞬态非线性问题,包括材料非线性、几何非线性和接触非线性三种。

热分析:程序可处理热传递的三种基本类型:传导、对流和辐射。热传递的三种类型均可进行稳态和瞬态、线性和非线性分析。热分析还具有可以模拟材料固化和熔解过程的相变分析能力以及模拟热与结构应力之间的热-结构耦合分析能力。

ANSYS 还可以进行电磁场分析、流体力学分析、声场分析和压电分析等。

2. ANSYS 软件主要特点

与 CAD 软件的无缝集成：Pro/E，CATIA，UG 等；强大的网格划分能力：网格自动划分、自适应分网功能；强大的后处理能力：图、表、动画等。程序的开放性：用户可扩展(UPF)、APDL 语言等二次开发功能。能够实现多物理场及多物理场耦合分析。

3. ANSYS 软件处理模块

ANSYS 软件主要包括三个部分：前处理模块、分析计算模块和后处理模块。ANSYS 的前处理模块主要有两部分内容：实体建模和网格划分。

实体建模：ANSYS 程序提供了两种实体建模方法——自顶向下与自底向上。自顶向下进行实体建模时，用户定义一个模型的最高级图元，如球、棱柱，称为基元，程序则自动定义相关的面、线及关键点。自底向上进行实体建模时，用户从最低级的图元向上构造模型，即：用户首先定义关键点，然后依次是相关的线、面、体。

网格划分：ANSYS 程序提供了使用便捷、高质量的对 CAD 模型进行网格划分的功能。包括四种网格划分方法：延伸划分、映像划分、自由划分和自适应划分。

分析计算模块：包括结构分析(可进行线性分析、非线性分析和高度非线性分析)、流体动力学分析、电磁场分析、声场分析、压电分析以及多物理场的耦合分析，可模拟多种物理介质的相互作用，具有灵敏度分析及优化分析能力。

后处理模块：可将计算结果以彩色等值线显示、梯度显示、矢量显示、粒子流迹显示、立体切片显示、透明及半透明显示(可看到结构内部)等图形方式显示出来，也可将计算结果以图表、曲线形式显示或输出。

在 ANSYS 中，载荷包括边界条件和外部或内部作用力函数，在不同的分析领域中有不同的表征，但基本上可以分为 6 大类：自由度约束、力(集中载荷)、面载荷、体载荷、惯性载荷以及耦合场载荷。

7.1.3　ABAQUS 介绍

1. 概述

ABAQUS 是一套功能强大的工程模拟的有限元软件，其解决问题的范围从相对简单的线性分析到许多复杂的非线性问题。达索并购 ABAQUS 后，将 SIMULIA 作为其分析产品的新品牌。它是一个协同、开放、集成的多物理场仿真平台。

ABAQUS 包括一个丰富的、可模拟任意几何形状的单元库。并拥有各种类型的材料模型库,可以模拟典型工程材料的性能,其中包括金属、橡胶、高分子材料、复合材料、钢筋混凝土、可压缩超弹性泡沫材料以及土壤和岩石等地质材料。ABAQUS 除了能解决大量结构(应力/位移)问题,还可以模拟其他工程领域的许多问题,例如热传导、质量扩散、热电耦合分析、振动与声学分析、岩土力学分析(流体渗透/应力耦合分析)及压电介质分析。

ABAQUS 为用户提供了广泛的功能,且使用起来又非常简单。大量的复杂问题可以通过选项块的不同组合很容易地模拟出来。例如,对于复杂多构件问题的模拟是通过把定义每一构件的几何尺寸的选项块与相应的材料性质选项块结合起来。在大部分模拟中,甚至高度非线性问题,用户只需提供一些工程数据,像结构的几何形状、材料性质、边界条件及载荷工况。在一个非线性分析中,ABAQUS 能自动选择相应载荷增量和收敛限度。它不仅能够选择合适参数,而且能连续调节参数以保证在分析过程中有效地得到精确解。用户通过准确地定义参数就能很好地控制数值计算结果。

ABAQUS 被广泛地认为是功能最强的有限元软件,可以分析复杂的固体力学结构力学系统,特别是能够驾取非常庞大复杂的问题和模拟高度非线性问题。ABAQUS 不但可以做单一零件的力学和多物理场的分析,同时还可以做系统级的分析和研究。ABAQUS 的系统级分析的特点相对于其他的分析软件来说是独到之处。ABAQUS 以优秀的分析能力和模拟复杂系统的可靠性使得 ABAQUS 被各国研究机构和企业广泛采用。

2. 功能介绍

ABAQUS 软件的功能可以归纳为线性分析、非线性分析和机构分析三部分。

线性静力学、动力学和热传导:静强度/刚度、动力学和模态、热力学和声学等;金属和复合材料、应力、振动、声场、压电效应等。

非线性和瞬态分析:汽车碰撞、飞机坠毁、电子器件跌落、冲击和损毁等;复合材料损伤、接触、塑性失效、断裂和磨损、橡胶超弹性等。

多体动力学分析:起落架收放、副翼展开、汽车悬架、微机电系统(MEMS)、医疗器械等;结合刚体和柔体模拟各种连接件,进行运动过程的力学分析。

ABAQUS 包括金属、工程塑料、泡沫材料等多种材料本构模型,可以考虑材料的塑性、损伤、失效、温度相关等非线性效应,用户还可以利用 ABAQUS 的用户子程序的功能进一步添加自己所需要的材料模型。

ABAQUS 提供了丰富的单元库,其中的实体壳单元(SC8R,SC6R)可以让用户不必抽取中面就能够模拟薄壁结构的相互接触作用,并允许单元的边长比很大;修正的二阶十节点四面体单元(C3D10M)允许用户快速划分网格并确保单元的计算精度很高;连接单元库(connector elements)提供了广泛的机构连接方式来模拟各种机构部件之间的连接关系,如铰接、焊点、万向接头等,甚至可以考虑连接单元的失效来模拟机构部件在震动和冲击作用下互相之间的脱开。

ABAQUS 提供了广义刚体功能,模型中的任何一部分允许是变形体,也允许是刚体,甚至是显示体(仅显示出模型的形状,不参与有限元计算),这就为大规模模型的动力学计算提供了方便的途径,用户可以仅把最关心的模型部位作为变形体,而其他部位作为刚体,当初步的分析完成后,可以再一步一步把刚体转化成变形体,最终获得符合实际的结果,该功能使得用户对分析过程的控制非常方便。

ABAQUS 包括 51 种纯热传导和热电耦合单元,83 种隐式和显式完全热固耦合单元,覆盖杆、壳、平面应变、平面应力、轴对称和实体各种单元类型,包括一阶和二阶单元,为用户建模提供极大的方便。

ABAQUS 的断裂力学分析功能在商业求解器中是国际上公认的最强的,并且不断在客户推动下发展,最新功能包括粘结单元和虚拟裂纹闭合技术等工程断裂分析技术。此外,ABAQUS 可以很方便地进行材料剪切、拉伸、屈曲等工况下失效的模拟。这样为模拟芯片、模拟塑料等封装组件开裂问题提供了有力支持。

3. 模块介绍

ABAQUS 软件主要由前后处理模块(ABAQUS/CAE)、隐式求解器模块(ABAQUS/Standard)和显式求解器模块(ABAQUS/Explicit)三个模块组成。ABAQUS 对某些特殊问题还提供了专用模块来加以解决。

ABAQUS/CAE 的主要特点是:快速地创建高质量的模型,用户能够创建参数化几何体如拉伸、旋转、扫略、倒角和放样。同时也能够由各种流行的 CAD 系统导入几何体,并运用上述建模方法进行进一步编辑。全面支持 ABAQUS 的分析功能,为用户提供人机交互的使用环境和完全的后处理和可视化功能。混合建模方法的使用,ABAQUS/CAE 通过混合建模方法能够处理基于几何体的数据,同时也可以处理导入的节点和单元数据。流程化和自动化处理,ABAQUS/CAE 建立在一个开放的可拓展的平台之上,这使得用户可以对成熟的工作流程进行二次开发。从基本的宏功能和重放文件到完全集成的企业级应用,ABAQUS/CAE 提供了一个丰富的工具包来自动化处理各种任务和流程,并容易将 ABAQUS 的有限元分析功能向更广阔的用户群推广。

隐式求解器(ABAQUS/Standard)是通用有限元分析程序;具备线性和非线性、时域和频域分析功能;稳定可靠的接触、约束和机构分析功能;并行处理、高效的直接和迭代求解器;与 ABAQUS/Explicit 结合,进行特殊过程模拟,如金属成型;最全面的分析功能,如各种耦合分析,包括热机械平衡的原理(热固耦合),热电(焦耳加热)原理进行分析(热电耦合),压电性能(电固耦合),结构的声学研究(声固耦合)等;方便灵活的用户子程序,生成用户特殊的单元、材料、摩擦、约束和载荷等。

隐式求解器(ABAQUS/Standard)适于进行基于频域的动力学分析：自振频率提取(对大规模模型可以采用并行的 Lanczos 特征值提取器)、模态动力学、基于模态和直接积分的稳态动力学分析、随机响应分析、响应谱分析，等等。以上所有分析可以基于线性或者非线性的状态进行(如考虑结构预载荷的频率提取分析)，通过 step by step 的分析方法来实现多步骤的分析。结构基础的位移、速度或加速度可以设置成随时间变化(模态动力学)或随频率变化(稳态动力学)。除此之外，Standard 还提供了在时域上积分的隐式动力学分析和复频率提取分析。

显式求解器(ABAQUS/Explicit)是通用的显式积分有限元程序；非线性动力学分析和准静态分析；完全耦合的热力学分析；自动接触(general contact)提供简单和稳定的接触建模方法；并行处理技术，包括 SMP 和 DMP 系统同 ABAQUS/Standard 有机结合，分析特殊过程和问题，如装配预应力；运用 ALE 技术创建自适应网格(模拟几何体的移动与位移)；冲击和水下爆炸分析功能；方便灵活的用户子程序，生成用户特殊的单元、材料、摩擦、约束和载荷等。

ABAQUS/Explicit 适于进行基于时域的动力学分析：该方法尤其适于高度非线性的震动和冲击问题的分析，如考虑塑性、接触、材料失效等效应的问题。该方法可以在时域上精确地捕捉结构的响应历程，但所消耗的计算机资源比基于模态的动力学要大许多。对于大规模模型，可以采用基于域分解的单机多 CPU 和多机并行(MPI)功能来加速显式积分的求解速度。

由于隐式求解器和显式求解器均为 ABAQUS 自己开发的产品，二者的结合非常紧密，其输入文件的语法格式完全一致。在前后处理模块 ABAQUS/CAE 中，还允许用户对同一有限元模型方便地在这两种分析方法中切换，并保留以前分析中定义好的载荷、接触、边界条件等内容，这为用户对同一个问题采用不同算法进行分析提供了方便的途径。

4. 各种非线性问题的解决方案

针对各领域关注的各种非线性力学问题，ABAQUS 有针对性地提供了相应的有限元分析方案，主要包括：

(1) ABAQUS/Standard 提供强大的非线性求解器，自动判断求解增量步长，对损伤和大的材料非线性问题具有非常高的收敛性。

(2) 材料的失效存在多种判据，ABAQUS 可以利用用户子程序将各种失效判据加入软件中，通过模拟，找出最佳的失效判据。

(3) 对于脆性材料断裂问题，ABAQUS 提供 VCCT(虚拟裂纹闭合技术)进行断裂模拟；对于韧性材料断裂问题，ABAQUS 提供粘结单元模拟。

(4) ABAQUS 强大的接触定义功能非常突出，可以涵盖点对点、点对线、线对线、线对面、点对面、面对面等所有可能的接触形式，可以是硬接触或软接触，也可以是 Hertz 接触(小滑动接触)或有限滑动接触,还可以是双面接触或自接触。另外,接触面还可以考虑摩擦和阻尼的情况。上述接触定义和分析方法提供了用户方便地模拟结构中各种边界条件非线性问题。

(5) ABAQUS 可以将显示体、刚体和弹性体统一在同一模型中,并且可以考虑多体之间的接触和弹性体的塑性变形。尤其是起落架的分析,它既需要求解静态应力分布、起落架的收放,又要分析着陆时引起的冲击。由于 ABAQUS/Standard 和 ABAQUS/Explicit 分别是 ABAQUS 系列软件的隐式积分和显式积分模块,它们构建在同一个框架和平台上,支持彼此之间的数据和结果的传递,避免了用户的繁复手工数据传递工作,实现了静力分析和动力分析的真正结合。

7.1.4 MSC.NASTRAN 介绍

1. MSC.NASTRAN 的优势

MSC.NASTRAN 的优势在于:极高的软件可靠性、优秀的软件品质、作为工业标准的输入/输出格式、强大的软件功能、高度灵活的开放式结构和无限的解题能力(500 万自由度)。

2. MSC.NASTRAN 的分析功能

MSC.NASTRAN 的分析功能覆盖了绝大多数工程应用领域,并为用户提供了方便的模块化功能项。MSC.NASTRAN 的主要功能模块有:基本分析模块(含静力、模态、屈曲、热应力、流固耦合及数据库管理等)、动力学分析模块、热传导模块、非线性分析模块、设计灵敏度分析及优化模块、超单元分析模块、气动弹性分析模块、DMAP 用户开发工具模块及高级对称分析模块等 9 个模块。

MSC.NASTRAN 支持全范围的材料模式,包括:均质各向同性材料、正交各向异性材料、各向异性材料、随温度变化的材料。方便的载荷与工况组合单元上的点、线和面载荷、热载荷、强迫位移、各种载荷的加权组合,在前后处理程序 MSC.PATRAN 中定义时可把载荷直接施加于几何体上。

具有惯性释放的静力分析:此分析考虑结构的惯性作用,可计算无约束自由结构在静力载荷和加速度作用下产生的准静态响应。

非线性静力分析:在静力分析中除线性外,MSC.NASTRAN 还可处理一系列具有非线性属性的静力问题,主要分为几何非线性、材料非线性及考虑接触状态的非线性,如塑性、蠕变、大变形、大应变和接触问题等。

MSC.NASTRAN 中屈曲分析包括:线性屈曲和非线性屈曲分析。线性屈曲分析可以考虑固定的预载荷,也可使用惯性释放;非线性屈曲分析包括几何非线性失稳分析、弹塑性失稳分析、非线性后屈曲(Snap-through)分析。

　　MSC. NASTRAN 动力学分析功能包括：正则模态及复特征值分析、频率及瞬态响应分析、(噪)声学分析、随机响应分析、响应及冲击谱分析、动力灵敏度分析等。在处理大型结构动力学问题时 MSC 开发的独特的通用动力缩减算法(GDR 法)在运算时可自动略去对分析影响不大的自由度，而不必像其他缩减法那样更多地需要由用户进行手工干预。此外，Sparse 矩阵解算器适用所有的动力分析类型，半带宽缩减时的自动内部重排序功能及并行向量化的运算方法可使动力解算效率大大提高。

　　MSC. NASTRAN 为求解动力学问题提供了动力和阻尼单元，如瞬态响应分析的非线性弹性单元、各类阻尼单元、(噪) 声学阻滞单元及吸收单元等。MSC. NASTRAN 可在时域或频域内定义各种动力学载荷，包括动态定义所有的静载荷、强迫位移、速度和加速度、初始速度和位移、延时、时间窗口、解析显式时间函数、实复相位和相角、作为结构响应函数的非线性载荷、基于位移和速度的非线性瞬态加载、随载荷或受迫运动不同而不同的时间历程等。模态凝聚法有 Guyan 凝聚(静凝聚)、广义动态凝聚、部分模态综合、精确分析的残余向量。

　　MSC. NASTRAN 的高级动力学功能还可分析如控制系统、流固耦合分析、传递函数计算、输入载荷的快速傅里叶变换、陀螺及进动效应分析(需 DMAP 模块)、模态综合分析(需 Superelement 模块)。所有动力计算数据可利用矩阵法、位移法或模态加速法快速地恢复，或直接输出到机构仿真或相关性测试分析系统中去。

　　MSC. NASTRAN 的主要动力学分析功能包括特征模态分析、直接复特征值分析、直接瞬态响应分析、模态瞬态响应分析、响应谱分析、模态复特征值分析、直接频率响应分析、模态频率响应分析、非线性瞬态分析、模态综合、动力灵敏度分析等。

　　MSC. NASTRAN 中提供了完全的流体-结构耦合分析功能。这一理论主要应用在声学及噪声控制领域，例如车辆或飞机客舱的内噪声的预测分析。

　　MSC. NASTRAN 强大的非线性分析功能为设计人员有效地设计产品提供了十分有用的工具。可以进行几何非线性分析，在几何非线性中可包含大变形、旋转、温度载荷、动态或定常载荷、拉伸刚化效应等。

　　MSC. NASTRAN 可以确定屈曲和后屈曲属性。对于屈曲问题，MSC. NASTRAN 可同时考虑材料及几何非线性。非线性屈曲分析可比线性屈曲分析更准确地判断出屈曲临界载荷。对于后屈曲问题 MSC. NASTRAN 提供三种 Arc-Length 方法(Crisfield 法、Riks 法和改进 Riks 法)的自适应混合使用可大大提高分析效率。

　　MSC. NASTRAN 材料非线性分析，包括非线性弹性(含分段线弹性)、超弹性、热弹性、弹塑性、塑性、粘弹/塑率相关塑性及蠕变材料，适用于各类各向同性、各向异性、具有不同拉压特性(如绳索)及与温度相关的材料等，可以使用多种屈服准则。对于蠕变分析可利用 ORNL 定律或 Rheological 进行模拟，并同时考虑温度影响。任何屈服准则均包括各向同性硬化、运动硬化或两者兼有的硬化规律。

　　MSC. NASTRAN 非线性边界(接触问题)分析，MSC. NASTRAN 提供了两种方法：一是三维间隙单元(GAP)，支持开放、封闭或带摩擦的边界条件；二是三维滑移线接触单元，支持接触分离、摩擦及滑移边界条件。另外，在 MSC. NASTRAN 的新版本中还将增加全三维接触单元。

MSC. NASTRAN 非线性瞬态分析可用于分析以下三种类型的非线性结构的非线性瞬态行为。考虑结构的材料非线性行为：塑性、Von Mises 屈服准则、Tresca 屈服准则、Mohr-Coulomb 屈服准则、运动硬化、Drucker-Prager 屈服准则、各向同性硬化(isotropic hardening)、大应变的超弹性材料、小应变的非线性弹性材料、热弹性材料(Thermo-elasticity)、粘塑性(蠕变)、粘塑性与塑性合并。

MSC. NASTRAN 非线性单元，MSC. NASTRAN 提供了具有非线性属性的各类分析单元，如非线性阻尼、弹簧和接触单元等。非线性弹簧单元允许用户直接定义载荷位移的非线性关系。MSC. NASTRAN 提供了丰富的迭代和运算控制方法，如 Newton-Rampson 法、改进 Newton 法、Arc-Length 法、Newton 和 ArcLength 混合法、两点积分法、Newmark 法及非线性瞬态分析过程的自动时间步调整功能等，与尺寸无关的判别准则可自动调整非平衡力、位移和能量增量，智能系统可自动完成全刚度矩阵更新，或 Quasi-Newton 更新，或线搜索，或二分载荷增量(依迭代方法)可使CPU 最小，用于不同目的的数据恢复和求解。自动重启动功能可在任何一点重启动，包括稳定区和非稳定区。

MSC. NAST RAN 热传导分析可以计算出结构内的热分布状况，并直观地看到结构内潜热、热点位置及分布。用户可通过改变发热元件的位置、提高散热手段或绝热处理，或用其他方法优化产品的热性能。

MSC. NASTRAN 提供广泛的温度相关的热传导分析支持能力。基于一维、二维、三维热分析单元，MSC. NASTRAN 可以解决包括传导、对流、辐射、相变、热控系统在内所有的热传导现象，并真实地仿真各类边界条件，构造各种复杂的材料和几何模型，模拟热控系统，进行热-结构耦合分析。

MSC. NASTRAN 提供了适于稳态或瞬态热传导分析的线性、非线性两种算法。由于工程界很多问题都是非线性的，MSC. NASTRAN 的非线性功能可根据选定的解算方法自动优选时间步长。

MSC. NASTRAN 空气动力弹性及颤振分析，MSC. NASTRAN 的气动弹性分析功能主要包括：静态和动态气弹响应分析、颤振分析及气弹优化。

MSC. NASTRAN 流-固耦合分析主要用于解决流体(含气体)与结构之间的相互作用效应。MSC. NASTRAN 中拥有多种方法求解完全的流-固耦合分析问题，包括：流-固耦合法、水弹性流体单元法、虚质量法。

MSC. NASTRAN 多级超单元分析主要是通过把整体结构分化成很多小的子部件来进行分析，即将结构的特征矩阵(刚度、传导率、质量、比热容、阻尼等)压缩成一组主自由度类似于子结构方法，但与其相比具有更强的功能且更易于使用。

多级超单元分析是 MSC. NASTRAN 的主要特点之一,适用于所有的分析类型,如线性静力分析、刚体静力分析、正则模态分析、几何和材料非线性分析、响应谱分析、直接特征值、频率响应瞬态响应分析、模态特征值、模态综合分析(混合边界方法和自由边界方法)、设计灵敏度分析、稳态、非稳态、线性、非线性传热分析等。

MSC. NASTRAN 高级对称分析,针对结构的对称、反对称、轴对称或循环对称等不同的特点提供了不同的算法,提高计算效率。有效的优化算法允许在大模型中存在上百个设计变量和响应,设计变量连接,进行设计灵敏度分析、设计优化分析、拓扑优化分析。

MSC. NASTRAN 复合材料分析有多种可应用的单元供用户选择。

在 MSC. NASTRAN 中具有很强的复合材料分析功能,并借助于 MSC. PATRAN 可方便地定义如下种类的复合材料:层合复合材料、编织复合材料(Rule-of-Mixtures)、Halpin-Tsai 连续纤维复合材料、Halpin-Tsai 不连续纤维复合材料、Halpin-Tsai 连续带状复合材料、Halpin-Tsai 不连续带状复合材料、Halpin-Tsai 粒状复合材料、一维短纤维复合材料和二维短纤维复合材料。判别复合材料失效准则包括:Hill 理论、Hoffman 理论、Tsai-Wu 理论和最大应变理论。

MSC. NASTRAN 的 P-单元及 H、P、H-P 自适应分析,H 法特点是适用于大多数分析类型,对于高应力区往往要通过网格的不断加密细化来满足分析精度。P 法是通过减少单元划分数量提高形函数的阶次来保证求解精度。根据用户定义的误差容限,MSC. NASTRAN 的 P 自适应算法可通过应力不连续、能量密度和残余应力估计分析中的误差,自动地调整形函数阶次进行计算直到满足误差精度为止。

MSC. NASTRAN 的高级求解方法包括稀疏矩阵的算法、并行计算以及线性静力分析、正则模态分析,模态及直接频率响应分析的分布式并行计算方法可以极大地提高分析速度。

3. MSC.NASTRAN 的单元库

MSC. NASTRAN 中开发了有近 70 余种单元独特的单元库。MSC. NASTRAN 采用 MSC 自行开发的"单元派生技术"可根据问题的需要通过变换单元默认参数获得,这些单元可满足 MSC. NASTRAN 各种分析功能的需要,且保证求解的高精度和高可靠性。这意味着一旦模型建好了,MSC. NASTRAN 就可以用于不同类型的分析,如动力学分析、非线性分析、敏度分析,等等。而当分析类型改变时,也仅需要很少的一些参数修改。此外,MSC. NASTRAN 采用基于 P 单元技术的界面单元,可有效地处理网格划分的不连续性(如实体单元与板壳单元的连接),并自动地进行 MPC 约束。MSC. NASTRAN 的 RSSCON 连接单元可自动连接壳-实体,使组合结构的建模更加方便。

4. 用户开发工具 DMAP 语言

作为开放式体系结构,MSC. NASTRAN 的开发工具 DMAP 语言(Direct Matrix Abstraction Program)有着 30 多年的应用历史,它不同于其他软件所用的宏命令语言可深入 MSC. NASTRAN 的内核。一个 DMAP 模块可由成千上万个 FORTRAN 子程序组成,并采用高效的方法来处理矩阵。实际上 MSC. NASTRAN 是由一系列 DMAP 子程序顺序执行来完成的。DMAP 能帮助用户改变或直接产生新的求解序列,通过矩阵的合并、分离、增加、删除或将矩阵输出到有限元后处理、机构分析、测试相关性等一些外部程序中,DMAP 还允许在 MSC. NASTRAN 中直接执行外部程序。另外,用户还可利用 DMAP 编写用户化程序,操作数据库流程。

7.2　有限元的实施

进行有限元分析的主要步骤包括预处理、前处理、求解器和后处理。预处理主要选择计算的类型,如结构计算、热问题计算、流体问题计算或电磁计算等。前处理通常包括选择单元类型、输入材料参数、创建几何模型和划分单元。求解器部分主要包括设置位移边界条件、载荷边界条件以及进行求解。非线性问题需要进行非线性求解设置,例如大变形、材料非线性中材料曲线的输入、接触非线性接触对的设置、载荷步和子步、迭代次数设置、收敛准则、收敛精度、结果文件的写入内容和写入频率等。不同的分析软件,操作方法可能有所不同,但是主要步骤基本相同,操作方法主要包括菜单方法和命令流方法。

对于非线性计算,载荷步和子步设置需要进行试算确定,收敛准则依照不同问题选择不同收敛准则,机器中默认的是残余力准则,收敛精度多取为 1‰。通常对于刚度逐渐增加问题可以采用残余力收敛准则,刚度逐渐降低问题可以采用位移收敛准则。

7.3　菜单方法和编程方法

以 ANSYS 软件为例,举例说明有限元的两种实施方法。有限元实施方法包括采用菜单方法和命令流方法。菜单方法简单适合初学者,命令流方法可以进行较为复杂的计算,方便参数研究、修改模型和边界条件。

ANSYS 主界面介绍,ANSYS 主界面包括功能菜单、命令窗口、工具条、主菜单和绘图窗口和输出窗口。图 7-1 为 ANSYS 主界面,图 7-2 为 ANSYS 输出窗口,图 7-3 为 ANSYS 主菜单。

主菜单　　工具条　　功能菜单　　　命令窗口　　　　绘图窗口

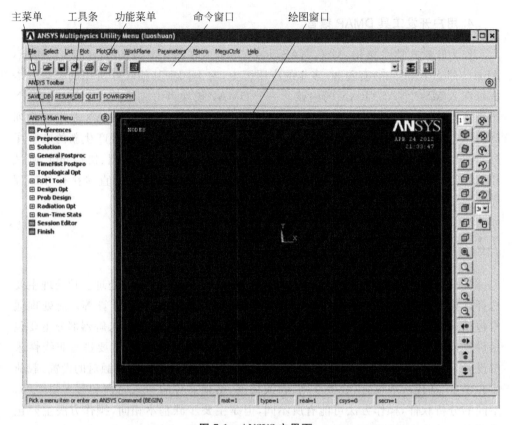

图 7-1　ANSYS 主界面

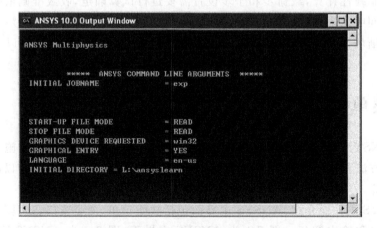

图 7-2　ANSYS 输出窗口

以下通过算例说明执行有限元计算的菜单方法和命令流方法,包括帮助文件的使用方法。

例 7.1 平面问题有限元计算举例 圣维南原理的数值验证(菜单方法)

材料力学中对圣维南原理的描述是:受轴向拉伸载荷作用的杆件,当杆端作用不同静力等效载荷时,杆端的应力分布不同,但是距杆段较远处,1~2 个特征尺寸以后应力分布相同。圣维南原理可以通过有限元进行验证。

设杆件尺寸为 100mm × 20mm,厚度为 1mm。在杆端作用一集中力,数值为 $F = 1000$N,材料的弹性模量为 $E = 210$GPa,泊松比 $\mu = 0.3$。绘制杆端的应力分布图。

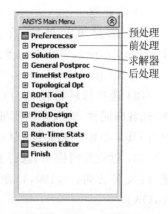

图 7-3 ANSYS 主菜单

1) 预处理

在主菜单,单击预处理菜单(Preferences),选主菜单的第一个,选择结构计算,单击 OK。(1,1,OK)括号中依次为各级菜单的顺序号(见图 7-4),下同。

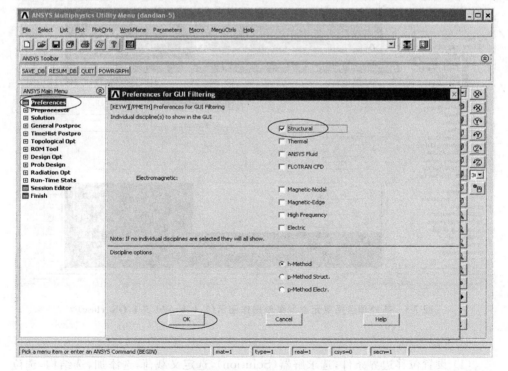

图 7-4 预处理菜单操作图示(1,1,OK)

2) 前处理

(1) 选择单元类型,在主菜单单击前处理(preprocessor),选择单元类型(Element Type),单击添加单元类型,选择添加(add),选择实体单元(solid),选择平面42单元(quad 4node 42),单击OK,见图7-5。(2,1,1,Add,5,1,OK,close)

(2) 选择材料特性,选择材料模型(Materials Props),选择结构,选线性,选弹性,选各向同性,输入弹性模量,按照 N-mm 单位输入 2.1E5MPa,输入泊松比 0.3,单击OK,关闭材料特性菜单。(2,3,4,线性,弹性,各向同性,输入 E,μ,OK,关闭)

(3) 创建几何模型,选择建模(modeling),选择创建、选面、选矩形、选用尺寸创建,输入 X 方向:0,100,Y 方向:−10,10,单击 OK。(2,5,1,3,2,3,0,100,−10,10,OK)

(4) 划分网格,选划分网格(meshing),选网格划分工具,选择单元尺寸(Global),单元边长设置为 1.25,选网格划分(mesh),用光标选中面积,单击 OK。(2,6,2,Global,1.25,OK)

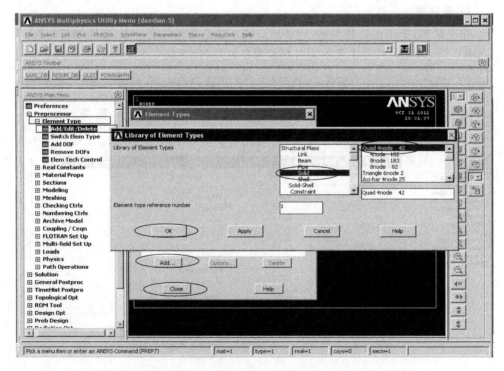

图 7-5　前处理选择单元类型菜单操作图示(2,1,1,Add,5,1,OK,close)

3) 求解器

(1) 设置位移边界条件,选求解器(Solution),选定义载荷,选添加,选结构,选位移,选线,拾取左边的线,单击 OK,选全部自由度,单击 OK。(3,3,2,1,1,1,拾取线,

选 ALL DOF,单击 OK)

(2) 设置载荷边界条件,选求解器(Solution),选定义载荷,选添加,选结构,选力,选节点,拾取节点,右边的边中节点,单击 OK,在空格中输入 1000,单击 OK。(3,2,2,1,2,2,OK,1000,OK)

(3) 求解,选求解器(Solution),选求解,选当前载荷文件,单击 OK。(3,6,1,OK)

杆件的单元载荷图见图 7-6,应力分布云图见图 7-7,不同截面应力数值见图 7-8,杆端应力分布见图 7-9。

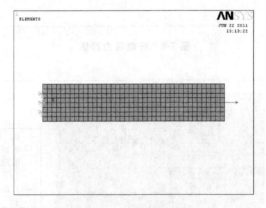

图 7-6　单元载荷图

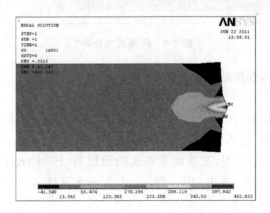

图 7-7　杆端应力分布云图

从图 7-7～图 7-9 可以看出,在杆端作用集中载荷条件下,杆端存在明显的应力集中,距杆端远处应力集中程度逐渐减弱。距杆端 1～2 个特征尺寸位置,应力趋于均匀。

读者可以仿照上述做法,改变杆端的载荷作用方式,例如施加 2 个或 3 个集中

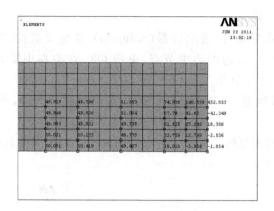

图 7-8　杆端应力数值

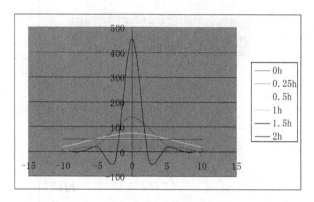

图 7-9　杆端应力分布

力,或均匀分布载荷,看杆端的应力分布。

4) 后处理

(1) 查看计算结果,选后处理(General Postprocessor,POST1),选绘制结果云图,选节点解,选应力,选 X 方向应力,单击 OK。(4,5,2,1,2,1,OK)

(2) 保存计算结果云图,在功能菜单选绘图控制(PlotCtrls),选硬拷贝,选输出到文件,命名输出文件名,单击 OK。(五,5,3,2,命名文件名,OK)

5) 帮助文件的使用

ANSYS 帮助文件内容丰富,单击功能菜单的帮助(Help),可以得到用户需要的信息。帮助菜单包括目录、索引、搜索和书签。目录包括命令参考、单元参考、使用指导和 ANSYS 的计算实例等。索引、搜索和书签通过输入关键词或主题查找相关的内容。对于菜单操作,通常通过菜单上的帮助文件进行查询。对于命令流方法,可以通过主题或关键词,查找相关的命令、命令的格式与用法等信息。

例 7.2 线接触问题举例 双层叠梁的弯曲(命令流方法)

层间未粘合的双侧叠梁在均布载荷作用和集中力作用下,梁的横截面正应力分布已有近似解答(赵志岗,材料力学,天津大学出版社,2001)但是没有层间接触压力的分布结果。虽然通过打孔装传感器可以测量层间的接触压力,但是因为打孔后改变了应力分布,虽能测量,也不是原来的应力。通过数值模拟可以容易获得层间接触压力的分布。

设双层悬臂叠梁的尺寸为每个梁尺寸 $100\text{mm} \times 10\text{mm}$,梁上边作用一均布载荷 $q=2\text{MPa}$,或在杆端作用一集中力 $F=100\text{N}$。材料的弹性模量为 $E=210\text{GPa}$,泊松比 $\mu=0.3$。确定不同载荷作用下的梁横截面正应力分布以及层间接触压力的分布。

按照题目条件编写的命令流文件如下,单元载荷图和计算结果见图 7-10～图 7-15。

```
/FILNAME,d-beam,0          !设置工作文件名
!*
/PREP7                     !进入前处理器
!*
ET,1,PLANE42               !选择单元类型,选平面 4 节点线性单元
!*
MPTEMP,,,,,,,,             !设置材料参数
MPTEMP,1,0
MPDATA,EX,1,,2.1e5         !弹性模量 E=210GPa
MPDATA,PRXY,1,,0.3         !泊松比 μ=0.3
MPTEMP,,,,,,,,
MPTEMP,1,0
MPDATA,MU,1,,0.1           !摩擦系数 f=0.1
RECTNG,0,100,-10,0,        !创建几何模型 l=100mm,h=20mm
RECTNG,0,100,0,10,
ESIZE,2.5,0,               !单元尺寸 边长 a=2.5mm
MSHAPE,0,2D
MSHKEY,1
!*
AMESH,all                  !划分单元
MP,MU,1,0.1                !设置接触单元开始
MAT,1
R,3                        !设置实常数号码,起始号码为3
REAL,3
ET,2,169                   !接触单元中的目标单元类型,线接触单元
ET,3,172                   !接触单元中的接触单元类型,线接触单元
KEYOPT,3,9,0
KEYOPT,3,10,1
R,3,
RMORE,
```

```
RMORE, , 0
RMORE, 0
! Generate the target surface
LSEL, S, , , 5
CM, _TARGET, LINE
TYPE, 2
NSLL, S, 1
ESLN, S, 0
ESURF                          !生成目标单元
! Generate the contact surface
LSEL, S, , , 3
TYPE, 3
NSLL, S, 1
ESLN, S, 0
ESURF                          !生成接触单元
ALLSEL                         !设置接触单元结束

FINISH
/SOL                           !进入求解器
/GO
DL, 4, , ALL,                  !设置位移边界条件,约束线号为4线的全部位移
DL, 8, , ALL,                  !设置位移边界条件,约束线号为8线的全部位移
/GO
! *
SFL, 7, PRES, 2,               !设置载荷边界条件,在梁的顶面施加2MPa的均布载荷
NSUBST, 20, 20, 20             !非线性求解设置,求解子步,子步数、最大子步和最小子步
OUTRES, ERASE
OUTRES, ALL, 2                 !输出内容选项和输出频率,选每2步输出一次结果
TIME, 10                       !时间设置,单位为秒
! *
FINISH
```

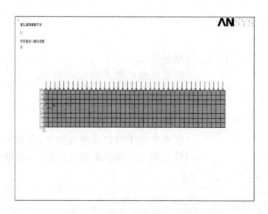

图7-10 双层叠梁受均布载荷作用

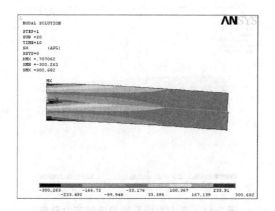

图 7-11　均布载荷作用横截面正应力分布

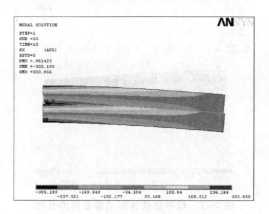

图 7-12　集中力作用横截面正应力分布

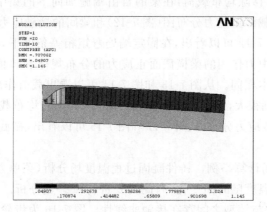

图 7-13　均布载荷作用层间接触应力分布

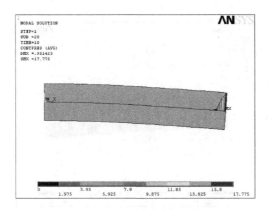

图 7-14　集中力作用层间接触应力分布

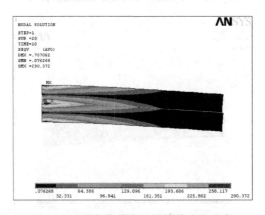

图 7-15　均布载荷作用的等效应力分布

　　按照上述做法,移除均布载荷,在梁的自由端施加向下的集中力,可以获得集中力作用条件下梁横截面正应力分布图(图 7-12)和梁间的接触应力分布(图 7-14)。

　　从图 7-11 和图 7-12 可以看出,在固定端处弯矩相等条件下,受均布载荷作用的梁与在自由端受集中力作用的梁横截面正应力的分布规律和数值接近,上下两个梁的应力分布规律基本相同。从图 7-13 和图 7-14 可以看出载荷作用方式不同,层间接触压力分布规律差别很大,每个梁各承担载荷的 1/2。比较均布载荷作用下梁横截面的正应力分布和等效应力分布,从图 7-11 和图 7-15 可以看出,横截面的正应力是等效应力的主要成分。

　　例 7.3　**温度场计算举例　铸件凝固过程温度场分析(菜单方法)**

　　铸件凝固过程温度随时间变化,因此需要进行瞬态热分析。铸件及铸型的材料均随温度变化,铸件与铸型之间存在接触非线性。图 7-16 为齿轮铸件毛坯及铸型的轴对称几何尺寸,根据对称性,采用二维轴对称模型,铸件材料为铝合金,初始温度 650℃,铸型材料为 45 钢,初始温度 30℃。铝合金及 45 钢热物理性能与温度的关系见表 7-1 和表 7-2。

以下按照前处理、求解器和后处理给出详细菜单方法的步骤。

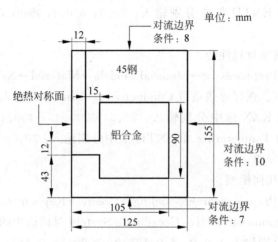

图 7-16 铸件及铸型几何尺寸

表 7-1 铝合金热性能参数

温度/℃	热传导系数 $K/(W/(m \cdot ℃))$	焓/(J/m^2)
20	175	0
550	200	1.65e9
615	200	2.94e9
700	200	3.198e9

表 7-2 45 钢热性能参数

温度/℃	热传导系数 $K/(W/(m \cdot ℃))$	焓/(J/m^3)
20	54	0
200	48	7.28e8
400	42	1.457e9
700	35	2.549e9

1) 前处理(Preprocessor)

(1) 定义单元类型。

Main Menu→Preprocessor→Element Type→Add/Edit/Delete, Add, Thermal Mass-Solid, Quad 4node 55; OK, Close。

(2) 定义温度单位。

Main Menu→Preprocessor→Material Pros→Temperature Units, 选择 Celsius (摄氏), OK。

(3) 定义铝合金材料性能。

Main Menu→Preprocessor→Material models→Material→model Number 1,

Thermal,选择导热系数 Conductivity→Isotropic,输入温度及对应的值,在 Temperature 和 KXX 框中分别输入:20、175;550、200;615、200;700、200。在 Enthalpy 对话框的 Temperature 和 ENTH 框中分别输入:20、0;550、1.65e9;615、2.94e9;700、3.198e9。

(4) 定义 45 钢模材料性能。

Main Menu→Preprocessor→Material models→Material→New model...,输入新的材料号:2,OK。选择导热系数 Conductivity→Isotropic,输入温度及对应的值;在 Temperature 和 KXX 框中分别输入:20、54;200、48;400、42;700、35。再在 Enthalpy 对话框的 Temperature 和 ENTH 框中分别输入:20、0;200、7.28e8;400、1.457e9;700、2.549e9。

(5) 创建铸件几何模型。

Main Menu→Preprocessor→Modeling→Create→Keypoints→In Active CS,在弹出的 Create Keypoints in Active Coordinate System 对话框中的 NPT 关键点号和 X,Y,Z 坐标值中分别输入 1,0,0;2,0.125,0;3,0.125,0.155;4,0,0.155;5,0,0.05;6,0.015,0.155;7,0.015,0.06;8,0.03,0.06;9,0.03,0.05;10,0.03,0.105;11,0.105,0.105;12,0.105,0.025;13,0.03,0.025。

(6) 建立平面 2D 模型。

在命令框中输入:a,4,6,7,8,10,11,12,13,9,5,生成铝合金的平面模型。在命令框中输入:a,1,2,3,4,此时生成整个模型如图 7-17 所示。

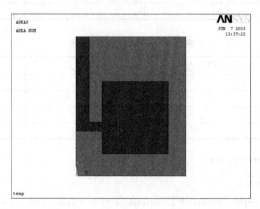

图 7-17　铸模与铸件实体模型

(7) 复制并平移铝合金模块。

Main Menu→Preprocessor→Modeling→Copy→Areas 在弹出的 Copy Areas 对话框拾取铝合金模块,再在弹出的 Copy Areas 对话框 ITIMEM(复制个数)中输入 2,DX(沿着 X 轴平移的距离)中输入 0.2。

(8) 使铝合金铸件和 45 钢模分离。

Main Menu→Preprocessor→Modeling→Operate→Booleans→Substract→Areas,拾取整个模型单击 OK,在拾取铝合金模型,单击 OK,此时铝合金模型和 45 钢模型分离如图 7-18 所示。

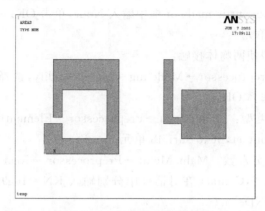

图 7-18 分离的铸模与铸件

(9) 保存数据库,SAVE_DB。

(10) 对铝合金划分网格。

Main Menu→Preprocessor→Meshing→MeshTool→Element Attributes→Set,在[MAT]中选择 1,OK。单击 MeshTool,lines→Set,选取铝合金的各个边在 No. of element division 中输入要划分的元素个数,分别为 5,30,5,25,25,25,10,10,35。为了使模型网格划分得均匀,采用 Smart Size(智能划分)设置为 4,单击 mesh 后选择铝合金,OK。

(11) 对 45 钢划分网格。

Main Menu→Preprocessor→Meshing→MeshTool→Element Attributes→Set,在[MAT]中选择 2,OK,关闭对话框。单击 MeshTool,选取 45 钢的各个边,分别输入 30,5,25,25,25,10,10,40,45,50。Smart Size(智能划分)设置为 4,单击 mesh 后选择 45 钢,OK。

(12) 保存数据库:选取 SAVE_DB。

(13) 创建接触组元。

① 创建铝合金与 45 钢接触单元。选择铝合金与 45 钢模接触的节点:Utility Menu→Select→Entities,在弹出的 Select Entities,对话框中选择 Node,By Num/Pick,From Full,Apply。选择 Box,圈出铝合金与 45 钢模接触的节点。Utility Menu→Select→Comp/Assembly→Create Component,在 Cname 框中输入 AL(代表铝合金),在 Entity Component is made of 框中输入 Node,单击 OK。

②　创建 45 钢与铝合金接触单元。选择 45 钢与铝合金接触单元的节点：Utility Menu→Select→Entities，在弹出的 Select Entities，对话框中选择 Node，By Num/ Pick，From Full，Apply。选择 Box，圈出 45 钢与铝合金接触的节点。Utility Menu →Select→Comp/Assembly→Create Component，在 Cname 框中输入 Steel（代表 45 钢），在 Entity Component is made of 框中输入 Node，单击 OK。

（14）生成接触单元。

移动铝合金模型使两物体接触：

Main Menu→Preprocessor→Modeling→Move/Modify，选择铝合金模型，在 X 坐标中输入 -0.2，选择 OK。

定义接触单元类型：Main Menu→Preprocessor→Element Type→Add/Edit/ Delete，Add，选择 Contact，pt-to-surf 48 单元。

定义接触单元实常数：Main Menu→Preprocessor→Real Constants→Add/ Edit/Del，Add，Type 2，Contact 在对话框中分别输入 KN=16e9，TOLN=0.0001， TOLS=0.0001，COND=0.5。

生成接触单元：Main Menu→Preprocessor→Modeling→Create→Element→ Surf/Contact→Nodes to Surf，在弹出的对话框中的 Ccomp 中输入 AL，Tcomp 框中 输入 Steel，RADC=0.1，单击 OK。

Main Menu→Preprocessor→Modeling→Create→Element→Surf/Contact→ Nodes to Surf，在弹出的对话框中的 Ccomp 中输入 Steel，Tcomp 框中输入 AL， RADC=0.1，OK，SAVE_DB。

有限元模型如图 7-19 所示。

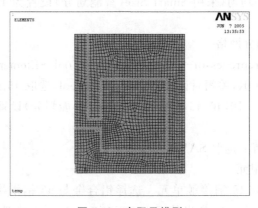

图 7-19　有限元模型

2）求解（Solution）

（1）定义分析类型。

Main Menu→Solution→Type→New Analysis，选择 Transient，Full，OK。

（2）定义参考温度。

Main Menu→Solution→Define Loads→Settings→Reference Temp，输入 20。

（3）选择铝合金的节点。

Utility Menu→Select→Entities，输入 Elements，By Attributes，Material num，输入 1，选择 Apply，输入 Nodes，Attached to Elements，Apply。

（4）定义铝合金的初始温度。

Main Menu→Solution→Define Loads→Apply→Initial Condit'n→Define，选择 Pick all，选择 TEMP，输入 650，OK。

（5）选择 45 钢模上的节点。

Utility Menu→Select→Entities，Nodes，Invert。

（6）定义 45 钢模的初始温度。

Main Menu→Solution→Define Loads→Apply→Initial Condit'n→Define，选择 Pick all，选择 TEMP，输入 30，OK。

（7）选择所有实体。

Utility Menu→Select→Everything。

（8）显示所有的面。

Utility Menu→Plot→Areas。

（9）定义对流边界条件。

Main Menu→Solution→Define Loads→Apply→Thermal→Convection→On Lines，选择 45 钢上边界部分：在 VALI Film coefficient 中输入 8，在 VAL2I Bulk Temperature 中输入 20，Apply；选择 45 钢模底部：在 VALI Film coefficient 中输入 7，在 VAL2I Bulk Temperature 中输入 20，Apply；选择 45 钢模右边侧面：在 VALI Film coefficient 中输入 10，在 VAL2I Bulk Temperature 中输入 20，OK。
Main Menu→Solution→Define Loads→Apply→Thermal→Heat Flux→On Lines，选择左边侧面（对称面），在 VALUE 对话框中输入 0。

（10）设定瞬态分析时间选项。

Main Menu→Solution→Load Step Opts→Time/Frequenc→Time-Time Step,
Time at end of load step　　3000
Time step size　　1
Stepped or ramped b. c.　　Stepped
Automatic time stepping　　on
Minimum time Step size　　0.1
Maximum time Step size　　300

（11）将 THETA 值设置为 1。

Main Menu→Solution→Load Step Opts→Time/Frequenc→Time integration→THETA。

（12）设置非线性选项。

Main Menu→Solution→Load Step Opts→Nonlinear→Equilibrium Iterations，输入 25；

Main Menu→Solution→Load Step Opts→Nonlinear→Line Search，选 ON；

Main Menu→Solution→Load Step Opts→Nonlinear→Predictor，选 On after 1 sbstp。

（13）设置输出选项。

Main Menu→Solution→Load Step Opts→Output Ctrls→DB/Results File，在 File write frequency 框中选择 every substep。

（14）保存数据库，SAVE_DB。

（15）求解，Main Menu→Solution→Solve→Current LS。

3）后处理（General Postpro）

（1）读入结果文件。

Main Menu→General Postpro→Read results→Last set（最后一步）。

（2）显示温度场分析结果。

MainMenu→General Postpro→Plot results→Contour plot→Nodal Solu，选择 Temperature TEMP，OK。

温度场分析结果如图 7-20～图 7-23 所示。

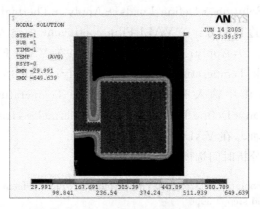

图 7-20 $t=1$s 时的温度云图

例 7.4 弹塑性问题计算举例 受拉含圆孔平板的应力集中（考虑塑性区的扩展）

对于含塑性问题，需要采用材料非线性有限元法求解。由第 3 章平面问题的有限元法可知，线弹性问题的单元刚度矩阵为

$$k^e = \int_{A^e} \boldsymbol{B}^T \boldsymbol{D} \boldsymbol{B} \, \mathrm{d}A$$

在小变形的条件下，几何矩阵 $\boldsymbol{B}$ 的形式不变，但是进行塑性问题计算应该将弹性矩

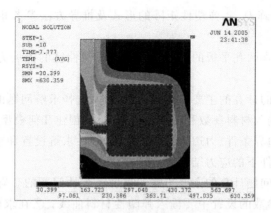

图 7-21 $t=8$ s 时的温度云图

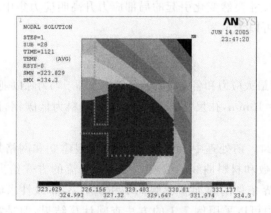

图 7-22 $t=1121$ s 时的温度云图

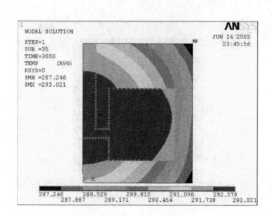

图 7-23 $t=3000$ s 时的温度云图

阵 **D** 换成弹塑性矩阵 **D**$_{ep}$。弹塑性矩阵的形式及推导方法参考相关书籍,本书不再推导。

以下就以受拉含圆孔平板的应力集中与孔边塑性区的扩展为例,说明如何进行弹塑性问题的计算。

进行塑性问题的计算的主要步骤包括预处理,选择求解问题的类型;前处理,包括选择单元类型、输入材料参数和弹塑性材料曲线、创建几何模型和划分单元;求解器,包括设置位移边界条件、力边界条件,进行非线性求解设置和求解;后处理,包括查阅不同载荷步条件下的应力结果等。

进行包括塑性问题计算的主要步骤和求解线弹性问题的步骤基本相同,主要的不同是,①在材料参数的设置中要输入弹塑性材料曲线;②在求解器中需要进行非线性求解设置;③在后处理中要查阅多个载荷步条件下的计算结果。

构件因为局部尺寸突然变化引起的局部应力升高叫应力集中。

应力集中系数可以表示为

$$\alpha = \frac{\sigma_{max}}{\sigma}, \quad \sigma = \frac{F_N}{A}$$

其中 σ_{max},σ 分别称为最大应力和名义应力。名义应力等于轴力除以削弱后的截面面积。

设方板边长 $a=10\text{mm}$,孔尺寸 $d=1\text{mm}$,方板材料为低碳钢,试计算方板孔边的塑性区扩展。

单元图见图 7-24。前处理中单元类型、几何模型建立和网格划分参考例 7.1 和例 7.2,本例材料参数和材料曲线的输入方法用命令流的方式给出;求解器中,位移边界条件和载荷边界条件的施加参考例 7.1 和例 7.2,非线性求解设置以命令流的方式给出;后处理中可以采用例 7.1 的方法查阅计算结果,但是需要设置查阅计算结果载荷子步的数值。

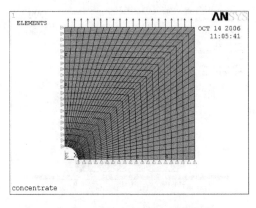

图 7-24　含孔方板的单元载荷图

材料参数和材料曲线输入的命令流文件如下:

```
! *                         材料参数输入开始
MPTEMP,,,,,,,,
MPTEMP,1,0
MPDATA,EX,1,,0.21e+06       !弹性模量 E=210GPa
MPDATA,PRXY,1,,0.3          !泊松比 μ=0.3
! *                         !材料曲线输入开始
TB,KINH,1,1,8,0             !输入 8 对应变和应力数值,本例采用随动强化准则
TBTEMP,0
TBPT,,0.001142857,240       !初始屈服的应变和应力,应变和应力满足 σ=Eε
TBPT,,0.04,245
TBPT,,0.1,350
TBPT,,0.15,380
TBPT,,0.20,410
TBPT,,0.30,420
TBPT,,0.35,410
TBPT,,0.40,380
```

非线性求解设置的命令流文件如下:

```
/SOL                        !进入求解器
/GO
NSUBST,20,20,20             !非线性求解设置,求解子步数、最大子步数和最小子步数
OUTRES,ERASE
OUTRES,ALL,2               !输出内容选项和输出频率,选每 2 步输出一次结果
TIME,10                    !时间设置,单位为秒
! *
FINISH
```

圆孔板应力集中的有限元模型和主要计算结果如下。

图 7-24 为含孔方板的单元载荷图,考虑到对称性,模型建立了方板的 1/4 模型,划分了规则网格。网格数量为 800 个。图 7-25 为含孔方板的变形图,从图中可以看出,变形以后的板,圆孔经拉伸变成椭圆孔。图 7-26 为方板的 Y 轴方向的应力分布图,从图中可以看出,孔边存在卸载区和应力集中区,卸载区位于 Y 轴上,应力集中区位于 X 轴上,最大应力的数值为 144MPa,应力集中系数 $\alpha=2.88$,与理论应力集中系数 $\alpha=3$ 有一定误差。提高计算精度,减少计算误差的方法包括:①加密网格;②通过设置线性变化的网格密度;③使用高阶单元等。计算实践表明,加密网格或使用高阶单元会增加计算量,通过设置线性变化的网格提高应力集中区的网格密度,降低没有应力集中区的网格密度,在不增加网格数量的条件下,可以起到提高计算精度和降低计算量的作用。

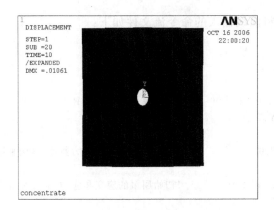

图 7-25　含孔方板的变形图/对称扩展

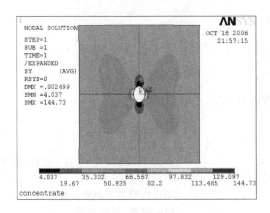

图 7-26　方板 Y 轴方向的应力分布

　　将作用于方板上的载荷加大到 200MPa,孔边已经有较多区域进入塑性,见图 7-27。继续增大载荷,会有更多区域进入塑性,直到整个截面因进入塑性而失去承载能力。

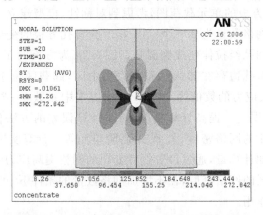

图 7-27　方板 Y 轴方向应力分布 $q = 200\text{MPa}$

例 7.5　空间接触问题举例　螺栓连接结构的剪切与挤压

材料力学的剪切与挤压应力计算因为受剪和受挤压的构件已经不是杆件而采用了实用计算方法,通过假设受剪面和受挤压面的应力均匀分布得到剪切应力和挤压应力的计算公式,实验中按照同样计算方法获取构件的剪切极限应力和挤压极限应力,进而建立了剪切与挤压的强度条件。但是计算公式的正确性没有得到验证,因为剪切和挤压问题包括了接触非线性,属于局部应力问题,已经不能采用弹性力学的方法求解,可以采用考虑接触非线性的有限元法求解。

3 块钢板用螺栓连接,钢板的尺寸为:中间板 75mm × 50mm × 10mm,侧板 75mm × 50mm × 8mm,螺栓的尺寸为:螺栓直径 $D=10$mm,螺帽 16×6,受到均布载荷作用,$q=5$MPa。试计算钢板和螺栓的应力分布。

计算采用命令流文件,如下所示:

```
                                    !前处理开始
/PREP7
                                    !创建结构的实体模型
RECTNG,−50,−25,−25,25,            !创建平面矩形图形
RECTNG,−25,25,−25,25,
RECTNG,−10,10,−10,10,
ASBA,2,3                           !面积运算
NUMCMP,all
k,21,0,0                           !创建关键点
CIRCLE,21,5,,,360,8                !创建平面实体圆

LSTR,          11,14               !创建直线
LSTR,          12,16
LSTR,          9,18
LSTR,          10,20
lcomb,14,15,0                      !合并线
lcomb,16,17,0
lcomb,18,19,0
lcomb,13,20,0

AL,11,22,14,21                     !由线生成面
AL,22,12,23,16
AL,23,9,24,18
AL,24,10,21,13

k,22,0,−30
k,23,0,30
lstr,22,23
asel,s,,,2,6
asbl,all,15
```

```
NUMCMP,all
allsel,all
LSTR,         12,8
LSTR,         9,5
LSTR,         11,7
LSTR,         10,6
lsel,s,,,31,32
asbl,9,all
allsel,all
lsel,s,,,33,34
asbl,8,all
allsel,all
NUMCMP,all


AGEN,2,2,13,,,,-10                    !复制面,生成新的面
AGEN,2,2,13,,,,8
                                     !生成体积模型
VEXT,14,25,1,,,-8                     !由面生成体积
VEXT,1,13,1,,,-10
VEXT,26,37,1,,,-8
BLOCK,25,50,-25,25,-10,-18           !直接生成体积
BLOCK,25,50,-25,25,0,8
vsel,s,loc,z,0,-10                   !体积选择
vglue,all                           !体积粘合
vsel,s,loc,z,-10,-18
vglue,all
vsel,s,loc,z,0,8
vglue,all
allsel,all

                                    !选择单元类型
ET,1,solid186                       !设置单元类型,20 节点三维单元
!*
                                    !设置材料参数

MPTEMP,,,,,,,,
MPTEMP,1,0
MPDATA,EX,1,,2.1e5                   !输入弹性模量
MPDATA,PRXY,1,,0.3                   !输入泊松比
                                    !划分单元
esize,6                             !设置单元尺寸,
MSHAPE,0,3D                         !设置划分三维单元
MSHKEY,1                            !设置划分规则单元
vmesh,all                          !划分单元
NUMCMP,all

                                    !创建螺栓模型
z1=14                              !设置模型参数
```

```
z2＝8
z3＝0
z4＝－10
z5＝－18
z6＝－24
y1＝0
y2＝5
y3＝8
k,131,,y1,z1                          !创建关键点
k,132,,y2,z1
k,133,,y3,z1
k,134,,y1,z2
k,135,,y2,z2
k,136,,y3,z2

k,137,,y1,z3
k,138,,y2,z3

k,139,,y1,z4
k,140,,y2,z4

k,141,,y1,z5
k,142,,y2,z5
k,143,,y3,z5

k,144,,y1,z6
k,145,,y2,z6
k,146,,y3,z6


a,131,134,135,132                     !由关键点创建平面
a,132,135,136,133
a,134,137,138,135
a,137,139,140,138
a,139,141,142,140
a,141,144,145,142
a,142,145,146,143
!asel,s,,,1,7
asel,s,,,178,184                      !选择需要粘合的面积
aglue,all                             !面积粘合
et,2,shell93                          !选平面单元类型,壳单元
MPTEMP,,,,,,,,                        !输入材料参数
MPTEMP,1,0
MPDATA,EX,2,,2.1e5                    !输入弹性模量
MPDATA,PRXY,2,,0.3                    !输入泊松比
MSHAPE,0,2D                           !单元类型设定为平面单元
```

```
MSHKEY,1                              !设置单元
esize,3                               !设置单元尺寸
aatt,2,,2                             !设置面积的材料属性
amesh,all                            !划分单元
                                      !生成螺栓体积和单元
et,1,solid186                        !设置单元类型,20节点三维单元
mat,2
esize,,3                             !设置旋转方向的单元分段数
asel,s,,,178,184

vrotat,all,,,,,,131,144,360,4       !由面生成三维实体和单元
aclear,all                          !清除平面和单元
                                     !创建接触单元
MP,MU,1,0.1                          !设置摩擦系数
MAT,1                               !设置接触单元的材料号码

ET,3,170                            !设置目标单元类型,面面接触
ET,4,174                            !设置接触单元类型,面面接触
!parameters for contact
R,3,,,1.0,0.1,0,                    !1.0 for FKN,0.1 for penetration tolerance
RMORE,,,1.0E20,0.0,1.0,            !1.0e20 for Max. friction stress
RMORE,0.0,0,1.0,,1.0,0.5
RMORE,0,1.0,1.0,0.0,,1.0
!cont-1 slab1-slab2                 中间板1和侧板2的接触
! Generate the target surface
R,3
REAL,3
R,3,,,1.0,0.1,0,                    !1.0 for FKN,0.1 for penetration tolerance
RMORE,,,1.0E20,0.0,1.0,            !1.0e20 for Max. friction stress
RMORE,0.0,0,1.0,,1.0,0.5
RMORE,0,1.0,1.0,0.0,,1.0
allsel,all
VSEL,S,LOC,X,-25,25
VSEL,U,MAT,,2
VSEL,R,LOC,Z,0,-10
aslv,r,
asel,r,loc,z,0
TYPE,3
NSLA,S,1
ESLN,S,0
ESURF,ALL
! Generate the contact surface
allsel,all
VSEL,S,LOC,X,-25,25
VSEL,U,MAT,,2
```

```
VSEL,R,LOC,Z,0,8
aslv,r,
asel,r,loc,z,0
TYPE,4
NSLA,S,1
ESLN,S,0
ESURF,ALL
```

!cont-2 slab1-slab3   中间板 1 和侧板 3 的接触

```
ALLSEL,all
R,4
REAL,4
R,4,,,1.0,0.1,0,              !1.0 for FKN,0.1 for penetration tolerance
RMORE,,,1.0E20,0.0,1.0,       !1.0e20 for Max. friction stress
RMORE,0.0,0,1.0,,1.0,0.5
RMORE,0,1.0,1.0,0.0,,1.0
VSEL,S,LOC,X,−25,25
VSEL,U,MAT,,2
VSEL,R,LOC,Z,0,−10
aslv,r,
asel,r,loc,z,−10
TYPE,3
NSLA,S,1
ESLN,S,0
ESURF,ALL
allsel,all

VSEL,S,LOC,X,−25,25
VSEL,U,MAT,,2
VSEL,R,LOC,Z,−10,−18
aslv,r,
asel,r,loc,z,−10
TYPE,4
NSLA,S,1
ESLN,S,0
ESURF,ALL
```

!cont-3 bolt-slab2-plane   螺栓端面与板 2 的接触
```
ALLSEL,all
R,5
REAL,5
R,5,,,1.0,0.1,0,              !1.0 for FKN,0.1 for penetration tolerance
RMORE,,,1.0E20,0.0,1.0,       !1.0e20 for Max. friction stress
```

```
RMORE,0.0,0,1.0,,1.0,0.5
RMORE,0,1.0,1.0,0.0,,1.0
asel,s,,,189
asel,a,,,213
asel,a,,,237
asel,a,,,260
TYPE,3
NSLA,S,1
ESLN,S,0
ESURF,ALL
allsel,all

asel,s,,,26,31
TYPE,4
NSLA,S,1
ESLN,S,0
ESURF,ALL
```

```
!cont-4 bolt-slab3-plane                螺栓端面与板 3 的接触
ALLSEL,all
R,6
REAL,6
R,6,,,1.0,0.1,0,                        !1.0 for FKN,0.1 for penetration tolerance
RMORE,,,1.0E20,0.0,1.0,                  !1.0e20 for Max. friction stress
RMORE,0.0,0,1.0,,1.0,0.5
RMORE,0,1.0,1.0,0.0,,1.0
asel,s,,,207
asel,a,,,231
asel,a,,,255
asel,a,,,273
TYPE,3
NSLA,S,1
ESLN,S,0
ESURF,ALL
allsel,all

asel,s,,,38,48,5
asel,a,,,52,55,3
asel,a,,,59
TYPE,4
NSLA,S,1
ESLN,S,0
ESURF,ALL
```

```
!cont-5 bolt-slab1-hole                  螺栓柱与中间板 1 孔的接触
```

```
ALLSEL,all
R,7
REAL,7
R,7,,,1.0,0.1,0,                    !1.0 for FKN,0.1 for penetration tolerance
RMORE,,,1.0E20,0.0,1.0,             !1.0e20 for Max. friction stress
RMORE,0.0,0,1.0,,1.0,0.5
RMORE,0,1.0,1.0,0.0,,1.0
asel,s,,,197
asel,a,,,221
asel,a,,,245
asel,a,,,266
TYPE,3
NSLA,S,1
ESLN,S,0
ESURF,ALL
allsel,all


asel,s,,,87,92,5
asel,a,,,98,101,3
asel,a,,,103,107,4
TYPE,4
NSLA,S,1
ESLN,S,0
ESURF,ALL
allsel,all
!cont-6 bolt-slab2-hole             螺栓柱与侧板2孔的接触
ALLSEL,all
R,8
REAL,8
R,8,,,1.0,0.1,0,                    !1.0 for FKN,0.1 for penetration tolerance
RMORE,,,1.0E20,0.0,1.0,             !1.0e20 for Max. friction stress
RMORE,0.0,0,1.0,,1.0,0.5
RMORE,0,1.0,1.0,0.0,,1.0
asel,s,,,194
asel,a,,,218
asel,a,,,242
asel,a,,,264
TYPE,3
NSLA,S,1
ESLN,S,0
ESURF,ALL
allsel,all


asel,s,,,126,131,5
asel,a,,,137,140,3
```

```
asel,a,,,142,146,4
TYPE,4
NSLA,S,1
ESLN,S,0
ESURF,ALL

!cont-7 bolt-slab3-hole                螺栓柱与侧板3孔的接触
ALLSEL,all
R,9
REAL,9
R,9,,,1.0,0.1,0,                      !接触刚度选1.0,单元穿透容差选0.1
RMORE,,,1.0E20,0.0,1.0,                !最大摩擦应力取值1.0e20
RMORE,0.0,0,1.0,,1.0,0.5
RMORE,0,1.0,1.0,0.0,,1.0
asel,s,,,200
asel,a,,,224
asel,a,,,248
asel,a,,,268
TYPE,3
NSLA,S,1
ESLN,S,0
ESURF,ALL
allsel,all

asel,s,,,40,45,5
asel,a,,,51,54,3
asel,a,,,56,60,4
TYPE,4
NSLA,S,1
ESLN,S,0
ESURF,ALL
finish
                                      !非线性求解设置
/SOL
NSUBST,20,20,20                       !设置步长、子步数、最大子步数和最小子步数
OUTRES,ERASE
OUTRES,ALL,5                          !输出内容和频率设置
NEQIT,100                             !终止迭代控制
TIME,10                               !计算时间设置
                                      !边界条件
!*
/GO
DA,166,ALL,                           !位移边界条件
da,167,ALL                            !位移边界条件
/GO
```

！*
SFA,84,1,PRES,－5   ！力边界条件
ALLSEL,ALL

模型的单元载荷图见图 7-28。图 7-29 绘制了螺栓的剪切应力,最大值为
17.8MPa,与实用计算得到的剪应力 15.9MPa 十分接近,相对误差约为 10％。图 7-30
和图 7-31 绘制了螺栓与中间板和侧板的接触应力。其中中间板采用有限元计算得
到的最大接触应力为 41.7MPa,采用实用方法得到的挤压应力为 25MPa,可见实用
计算结果的数值偏小;侧板采用有限元计算得到的最大接触应力 38.6MPa,采用实
用方法得到的挤压应力为 15.6MPa,可见实用计算结果的数值也偏小。

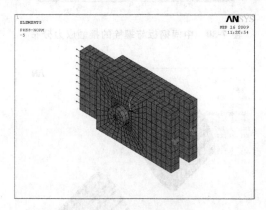

图 7-28　钢板螺栓的单元载荷图

图 7-29　螺栓的剪切应力分布

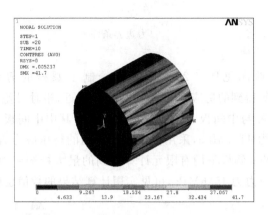

图 7-30　中间钢板与螺栓的接触应力分布

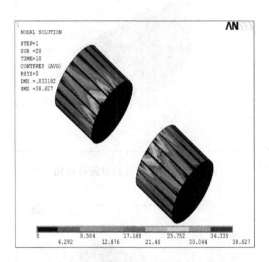

图 7-31　侧板与螺栓的接触应力分布

从图 7-30 和图 7-31 可以看出,挤压应力在环向和轴向分布并不均匀,与挤压应力在挤压面上均匀分布的假设差别较大。

由以上分析可知,材料力学剪切挤压实用计算中对剪切应力的计算精度较高,但是挤压应力的数值偏小,需要在工程设计中进行适当修正。

对于需要考虑螺栓与螺母螺纹间接触应力的问题,需要创建螺栓和螺母的三维模型,计算量较大,本书不再叙述。

有限元法的工程应用

8.1 有限元法在铸件凝固过程中的应用

1. 工程背景

铸件凝固过程数值模拟的最终目的是解决铸造工艺的优化设计,实现铸件质量预测和控制。对于大型铸件,如大型机床的工作台重量多数在 2t 以上,且形状复杂,对于精度要求高的工作台,加工面及非加工面均要求铸件不能出现缩孔和缩松等质量缺陷。因此要保证铸件的质量,应该在铸造工艺方案确定后,对铸件凝固过程的温度场进行有限元数值模拟,由最后凝固位置及温度梯度和冷却速度等参数判断缩孔、缩松等缺陷出现的可能性及其位置,然后修改工艺方案,在浇铸前采取对策,以确保铸件的质量,降低成本。

2. 有限元模型

根据工作台铸件的零件图和工艺图,采用 CAD 软件建立三维几何模型,由于铸件和浇铸系统具有对称性,故选一半作为研究对象,图 8-1 为几何模型。采用三维 8 节点六面体单元,对铸件和砂型分别进行网格划分,图 8-2 为有限元模型。对称面视为绝热面,砂型的外表面满足对流边界条件。铸件材料为 HT300,初始温度为 1400℃,砂型材料为呋喃树脂砂,初始温度为 20℃,两种材料的热性能参数均随温度变化,对整个模型进行瞬态温度场求解。

3. 结果分析

由于铸件重约为 2t,根据实际浇注生产经验,凝固冷却后到开箱的时间为 72h。温度场求解选择时间约为 20h(72000s),得到铸件和铸型瞬态温度场变化云图和温度梯度变化规律,如图 8-3～图 8-5 所示。从图中可以看出:铸件的外表面先凝固,对称面中心处最后凝固,此处温度梯度较小。

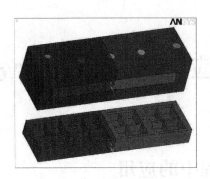

图 8-1　几何模型

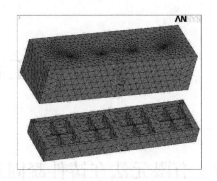

图 8-2　有限元模型

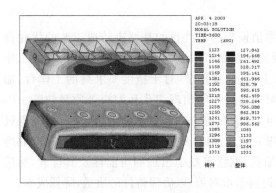

图 8-3　1h 的温度分布图

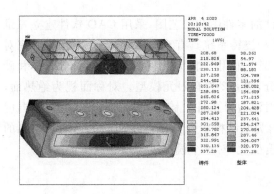

图 8-4　20h 的温度分布图

根据瞬态温度场每步的计算结果,得到温度、温度梯度以及冷却速度,应用 $G/\sqrt{R}$ 法(新山判据),编写铸造缺陷判断后处理程序,来判断缩孔和缩松,以改进不合理工艺,提出新的工艺,再进行计算,多次反复直至获得最优工艺,达到控制铸件内

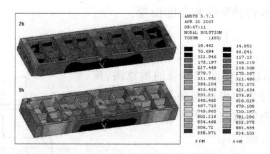

图 8-5　2h 和 9h 的温度梯度场分布

部质量的目的。

　　根据计算结果得出铸件中可能出现缩孔、缩松质量缺陷所对应的节点、相应的单元,位于铸件对称面中心、靠近图形上表面的位置,如图 8-6 所示,结果与实际铸件出现缩孔、缩松的位置基本吻合。

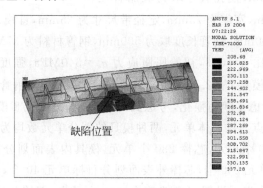

图 8-6　缺陷位置

8.2　有限元法在金属成型中的应用

8.2.1　冷拔钢管成型过程的模拟

1. 工程背景

　　冷拔是继热轧、挤压或焊接之后对管材进行二次加工以生产精密、薄壁和高机械性能产品的主要方法。冷拔包括空拔和芯拔,这种成型方式具有工艺设备简单,成型效果好的优点,在军工、机械和石油等领域都得到了广泛的应用。用冷拔的方法可以生产外径为 0.2～242mm、壁厚 0.015～24mm 的钢管和外径≤765mm 的有色金属管。冷加工和相应的热处理相结合可使管材获得高的综合机械性能,冷拔除了加工圆管外还可以生产多种异形管和变断面管。

2. 有限元模型

图 8-7 是使用锥模芯棒冷拔钢管的示意图,使用弧形模钢管拔制的力学模型与使用锥模钢管拔制的模型类似。对钢管拔制的力学模型及外载荷分布形式作如下基本假设。

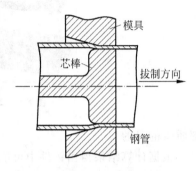

图 8-7　芯棒冷拔钢管的力学模型

（1）钢管拔制前为理想圆形,且壁厚均匀,模具孔为理想圆孔,芯棒为理想圆柱;

（2）不考虑钢管管坯的初始残余应力;

（3）钢管的拔制速度恒定。

钢管拔制前尺寸为 $\phi127\times6.5$mm,成品管尺寸设计为 $\phi119\times5$mm,模孔直径取为成品管径,模具的外径为 280mm,宽度为 75mm,定径带尺寸为 25mm,锥模的半锥模角为 15°,弧形模的弧半径为 80mm,钢管长度取为 500mm,钢管材料为 37Mn5,弹性模量 $E=2.1\times10^5$MPa,泊松比 $\mu=0.3$,初始屈服应力 $\sigma_s=340$MPa,强度极限 $\sigma_b=640$MPa。模具采用钢模,弹性模量 $E=2.1\times10^5$MPa,泊松比 $\mu=0.3$。钢管和模具的摩擦系数为 0.05,强化规律考虑了随动强化,考虑到对称性,本文取 1/8 模型,管材与模具的单元划分采用 20 节点三维实体单元,两种模具的划分单元数均为 1975 个,其中钢管 750 个单元,模具 360 个单元,芯棒 280 个单元,模具内表面划分目标单元 45 个,钢管外表面划分接触单元 250 个,芯棒外表面划分目标单元 40 个,钢管内表面划分接触单元 250 个。在仿真中设置一个载荷步,600 个子步,钢管前端面位移约束 $U_z=-750$mm,模具与芯棒在 Z 方向上设置了零位移约束。管材与模具的有限元网格如图 8-8 所示,图中 X 轴沿径向,Z 轴沿轴向。

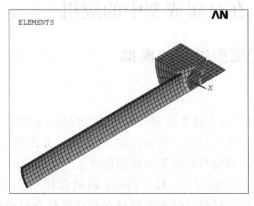

图 8-8　有限元模型

3. 结果分析

1) 轴向(拔制方向)应力分布

图 8-9 为两种模具时钢管在稳定拔制阶段时的轴向应力分布图,深色为拉应力,浅色为压应力。从图中可以看出,使用锥模时钢管的最大压应力出现在前非接触变形区钢管内壁,最大拉应力出现在后非接触变形区钢管内壁,使用弧形模时钢管的最大压应力出现在前非接触变形区钢管内壁,最大拉应力出现在后非接触变形区钢管外壁。在前非接触变形区,钢管的外壁拉应力较高,相应处的内壁压应力较大。在锥面与定径带的过渡区域,钢管外表面拉应力较高,对应的内表面为压应力。在定径带处,锥模下钢管的内表面拉应力较高然后向外表面逐渐减小,使用弧形模时钢管的外表面拉应力较高然后向内表面逐渐减小。钢管脱模后的轴向残余应力主要为拉应力,且分布很不均匀,锥模成型后钢管的残余应力偏大,图未画出,锥模成型后钢管产生横向裂纹的可能性大于弧形模成型。由此可以推定,使用锥模时芯棒对钢管内表面的纵向流动阻力要高于模具对钢管外表面的纵向流动阻力,而弧形模芯棒拔管与锥模芯棒拔管的情况刚好与之相反。

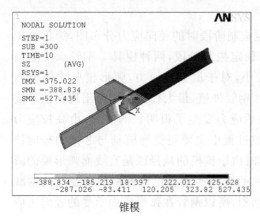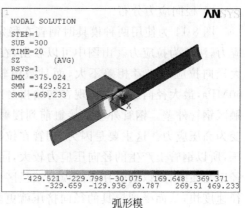

图 8-9 锥模与弧形模芯拔成型轴向应力分布

2) 环向应力分布

图 8-10 为使用两种模具时钢管稳定拔制阶段时的环向应力分布图,深色为压应力,浅色为拉应力。由图中可以看出,钢管在入模后,钢管的外表面环向压应力较高,而对应处钢管内表面为环向拉应力,使用弧形模时钢管的环向压应力较高。在稳定拔制阶段,两种模具下钢管承受的最大压应力二者相差不大,而最大拉应力,使用锥模时要比弧形模高 140MPa。最大环向压应力出现在前非接触区钢管外壁,最大环向拉应力出现在接触区(定径带)钢管外壁。钢管外壁从接触前到接触后应力发生了很明显的变化,由高压应力变为高拉应力。钢管脱模后,环向应力在壁厚上呈不均匀

分布,外表面为拉应力区,内表面为压应力区。采用弧形模成型钢管的环向残余应力较小,采用锥模成型后钢管的环向残余应力较大,可以认为,经锥模成型后钢管产生纵裂的主要原因是环向残余应力较高。

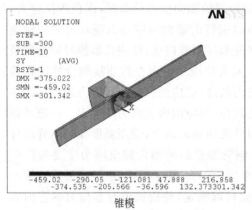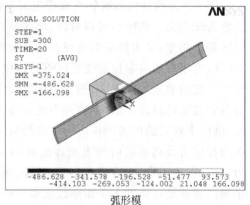

锥模　　　　　　　　　　　　　　　弧形模

图 8-10　锥模与弧形模芯拔成型环向应力分布

3) 径向应力分布

图 8-11 为使用两种模具时钢管在稳定拔制阶段时的径向应力分布图,深色为压应力,浅色为拉应力。由图中可以看出,在稳定拔制阶段,两种模具下钢管承受的最大径向拉应力二者相差不大,而且数值较小,对于最大压应力,弧形模要比锥模高60MPa,最大径向压应力出现在初始接触区钢管外壁,最大径向拉应力出现在前非接触区钢管外壁。钢管外壁从接触前到接触后应力发生了很明显的变化,由高拉应力变为高压应力。这主要是因为,钢管在拉拔过程中主要是受到模具与芯棒的径向挤压,所以钢管上产生的径向压应力较大,同时由于锥模的减径区是直线而弧形模的减径区是弧线,所以钢管在弧形模的减径区内的减径速度要比在锥模的减径区内的减径速度快,从而受到模具的径向挤压就更剧烈,所以钢管在弧形模内承受的径向压应力要高于在锥模内承受的径向压应力。

4) 拔制力与芯棒后拉力分析

钢管在拔制阶段受到的拔制力和芯棒受到的后拉力如图 8-12 所示。由图可见,拔制力可以分为 4 个阶段,钢管入模阶段、稳定拔制阶段、脱模阶段和脱模以后阶段。在入模阶段,拔制力逐渐增大;稳定拔制阶段,两种模具下的拔制力基本上都在1200kN 上下波动,但弧形模的拔制力要偏大一些,锥模的平均拔制力为 1191.16kN,弧形模下的平均拔制力为 1265.55kN;脱模阶段拔制力逐渐减小,脱模以后拔制力降为零。稳定拔制阶段,弧形模下芯棒受到的平均后拉力为 384.83kN,而使用锥模时芯棒受到的平均后拉力为 229.46kN。弧形模的拔制力与芯棒后拉力均高于锥模在于弧形模钢管的减径速度大于锥模的减径速度,钢管受到的轴向流动阻力较大的缘故。

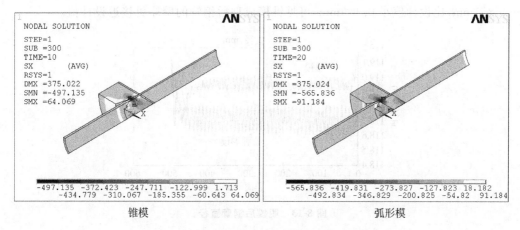

图 8-11 锥模与弧形模芯拔成型径向应力分布

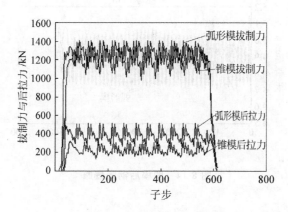

图 8-12 锥模与弧形模芯拔成型拔制力和后拉力

5）成品钢管的直径与壁厚

图 8-13 绘出了脱模后成品管直径变化曲线，X 轴的左端为管头，右端为管尾。由图可见，成品管的直径存在一定的波动，其分布大致可分为 3 个部分，管头，管中和管尾。其中，管头的直径小于管中的尺寸，管尾的尺寸大于管中的尺寸，说明管头因入模产生收缩直径减小，管尾因弹性释放直径略有增加。对于管中间的一段，由图可见，对于文中给定的钢管和模具尺寸以及所用的材料模型和强化规律，锥模成型后钢管的平均直径为 118.945mm，比设计值小 0.055mm，弧形模成型后钢管的直径平均值为 118.714mm，比设计值小 0.186mm，可见，经锥模成型后钢管的直径更接近设计值。图 8-14 绘出了成品管壁厚，X 轴的左端为钢管管头，右端为管尾。由图中可以看出，壁厚也在设计值附近波动，不计管头和管尾的壁厚跳跃，锥模成型后钢管壁厚的平均值为 4.962mm，比设计值小 0.038mm，弧形模成型后钢管壁厚的平均值为

4.851mm,比设计值小 0.149mm,可见锥模成型后钢管的壁厚更接近设计值。

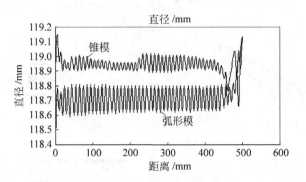

图 8-13　脱模后钢管直径

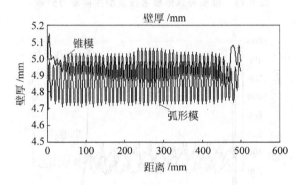

图 8-14　脱模后钢管壁厚

8.2.2　焊管成型过程的模拟

1. 工程背景

　　焊接钢管也称焊管,是用钢板或带钢经过弯曲成型后焊接制成的钢管。焊管生产工艺简单,效率高,品种规格多,设备投资少,而强度一般低于无缝钢管。随着优质带钢连轧生产的迅速发展以及焊接和检验技术的进步,焊缝质量不断提高,在许多领域代替了无缝钢管。为了提高焊管与无缝钢管的竞争力、满足产品多样化要求,必须研究新的焊管成型技术,适应变品种、变批量、多品种、少批量的生产需求。因此,提高生产效率、降低成本成为研究的重点之一。

　　利用弹塑性大变形和接触非线性有限元法,模拟直缝焊管的成型过程分两个载荷步,第一步实现凹辊的上压过程,第二步实现钢板的轧制过程,成型辊的转动通过施加函数来实现。在此,仅分析凹辊上压过程钢板的应力变化规律。

2. 有限元模型

模拟中钢板材料为 Q235，采用随动强化规律；成型辊弹性模量为 2.1×10^5 MPa，泊松比为 0.3，摩擦系数为 0.1。

考虑到对称性，取 1/2 模型，钢板与成型辊均采用 20 节点三维实体单元，钢板与成型辊的实体模型和有限元网格如图 8-15，图 8-16 所示。

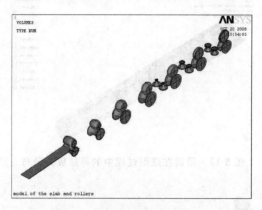

图 8-15 带钢与成型辊的实体模型

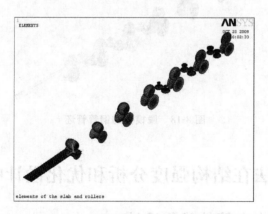

图 8-16 带钢与成型辊的有限元网格

3. 结果分析

图 8-17 为钢管成型中应力分布，图 8-18 为钢管脱模前的钢管管坯。可以发现：直缝焊管成型中，辊型、轧辊位置，水平辊和立辊的布置都会明显地影响到最后的成型效果，通过参数研究发现：辊型、轧辊位置，水平辊和立辊的布置方式都对成型结果有明显影响。其中，靠前的水平辊对边缘成型影响较大，靠后的水平辊的宽度对成

型过程的稳定性影响较大。第五和第六架水平辊辊型设计不合理会导致的钢管失稳,主要原因在于轧辊的宽度过小。立辊的数量和位置对成型结果有明显影响。仅有水平辊没有立辊的最终成型使钢管截面呈 U 形,减少立辊的数量会导致成型过程不稳定,容易发生失稳,立辊的位置对成型过程也有一定的影响,靠前会产生失稳,靠后会造成钢管截面不圆。

图 8-17　带钢在成型过程中的等效应力分布

图 8-18　脱模前的钢管管坯

8.3　有限元法在结构强度分析和优化设计中的应用

8.3.1　30in 隔水套管的优化设计

1. 工程背景

隔水套管广泛应用于海洋钻井工程中。使用时利用其套管端的快速接头将两根管子连接起来,并根据钻井区域的水深情况,将多根套管连接起来,以达到打探井时隔水和保护钻井导管的目的。隔水套管的管身及接头的强度要有能够承受打桩冲击力、海水波浪撞击力的能力。在打桩的过程中,螺纹承受载荷,通过优化螺纹的结构,改善套管螺纹的局部的应力,对打桩具有重要意义。

2. 有限元模型

根据隔水套管的尺寸,建立直径为 30in 的隔水套管,内螺纹的高度 3.05mm,外螺纹的高度 3.175mm。取 1/8 模型进行研究,采用 20 节点六面体单元,进行网格划分,有限元模型如图 8-19 所示。图 8-20(a) 和 (b) 分别是内外套管的螺纹牙型图。根据隔水套管的受力,在隔水套管上施加 4.75MN 的力,进行受力分析。

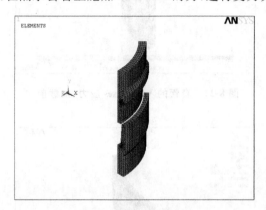

图 8-19 有限元模型

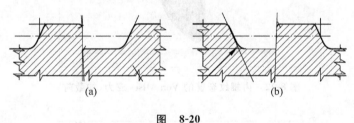

(a)   (b)

图 8-20

(a) 内螺纹;(b) 外螺纹

3. 结果分析

采用两步进行模拟,第一步为隔水套管的装配过程,第二步为隔水套管的加载过程,分别得到加载前后的 Von Mises 应力,如图 8-21～图 8-26 所示。

由图 8-21～图 8-23 应力结果可以看出,计算得到的结果远大于工程上所计算的应力,加载之前内外套管最大应力分别达到 615MPa 和 424MPa。由图 8-24～图 8-26 可知,加载之后的最大应力达到 628MPa,接触应力达到了 592MPa。为此,对结构进行优化,得到表 8-1 参数优化的部分数据,可以看出第三组参数当外套管的直径由 739.7 变为 739,内套管由 730 变为 728 时,所得到的 Von Mises 应力和接触应力是最小的。该优化的结果已经在实际工程中得到了应用,并取得了成功。

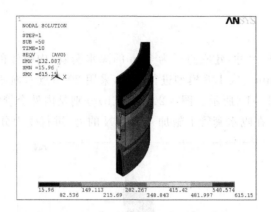

图 8-21　套管的 Von Mises 应力（加载前）

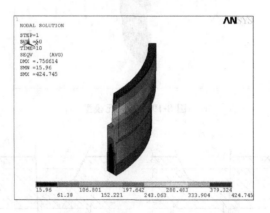

图 8-22　内螺纹套管的 Von Mises 应力（加载前）

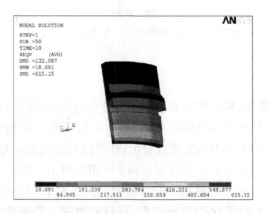

图 8-23　外螺纹套管的 Von Mises 应力（加载前）

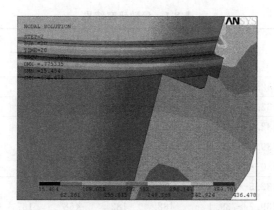

图 8-24 内螺纹套管的 Von Mises 应力（加载后）

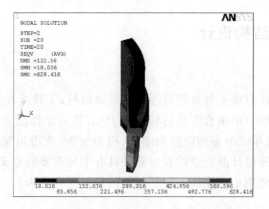

图 8-25 外螺纹套管的 Von Mises 应力（加载后）

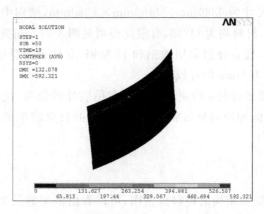

图 8-26 加载后的接触应力

表 8-1 参数研究结果

No.	参数	第一步/MPa			第二步/MPa		
		σ_{eq}	σ_{c3}	σ_{eq}	σ_{c3}	σ_{c4}	σ_{c5}
1	132.5→132	619	619	1149	846	305	>1000
2	132.5→132.1	593	975	583	975		148
3	132.5→132.5 739.7→739 730→728	346	138	381	122	124	
4	132.5→132.5 739.7→739.4 730→728	488	182	468	167	122	

8.3.2　6t 吊笼结构设计

1. 工程背景

吊笼已成为海洋石油平台及建筑等行业运输材料、工具及人员的重要设备之一,由于吊装时吊笼距船只的垂直距离达到 30~40m,其力学性能直接影响到船只和人员的安全,因此研究吊龙静态的强度和刚度、模态分析,改进吊笼的计算模型和提高计算精度对提高吊笼设计的安全性和可靠性具有十分重要的意义。本实例针对某系列海上运货吊笼在使用中存在底板变形较大的现象进行分析。

2. 有限元模型

6t 吊笼的外形尺寸为 6380mm×1480mm×1380mm,结构中包括钢管、槽钢、角钢和 H 型钢和钢板,材料均为 Q235,有限元模型见图 8-27。吊笼上横梁采用厚壁钢管,下横梁采用槽钢,底盘分别采用槽钢和 H 型钢,立柱采用厚壁钢管,斜拉筋采用角钢,底板采用厚度为 5mm 的花纹板。

计算采用的边界条件是:约束了上横梁在吊装处的位移,按照吊笼的额定吊重和底板尺寸,给底板施加均匀分布载荷。因为吊笼的自重较重接近吊重的 1/3,计算中也将自重考虑在内。

3. 结果分析

图 8-28 为吊笼框架结构的位移矢量图,可以看出框架的最大位移为 2.821mm,位于底盘上由 H 型钢制作的横橙,该值小于横橙高度尺寸的 2%。

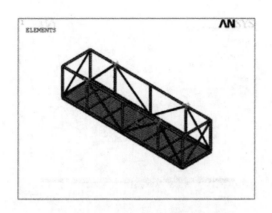

图 8-27 6t 吊笼的模型和有限元网格

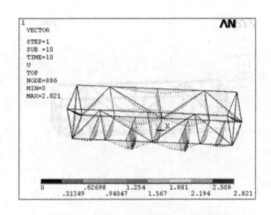

图 8-28 6t 吊笼框架的位移矢量图

由图 8-29 可见,吊笼框架结构中大部分构件承担拉应力,应力水平较低。最大拉应力发生在立柱和主斜拉筋部位,为 12.538MPa,最大压应力发生在结构对称面附近的下横梁处,为 -5.744MPa。图 8-30 为吊笼框架的等效应力,最大等效应力位于下横梁,为 21.69MPa。

图 8-31 和图 8-32 分别为底板的位移和等效应力。由图 8-31 可见,底板的位移较大,最大位移位于结构的对称面附近,数值为 6.155mm,已经超过了底板的厚度,属于大变形问题。同时由图 8-32 可见,底板的等效应力较高,最大应力位于结构的对称面附近,数值为 102.801MPa。计算结果显示 6t 吊笼结构设计框架和底板的应力水平差别很大,其中底板的应力是框架轴向应力的 8 倍,是框架等效应力的 4.74倍,说明原结构设计存在两个问题:一是底板的刚度相对较低;二是没有充分发挥框架的作用。

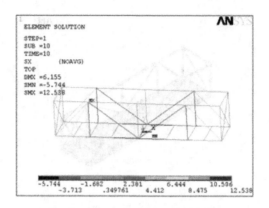

图 8-29　6t 吊笼框架结构的轴向应力

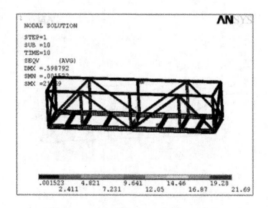

图 8-30　6t 吊笼框架结构的等效应力

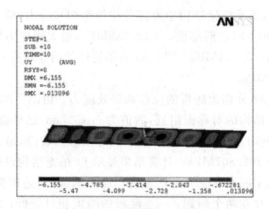

图 8-31　6t 吊笼底板的位移场

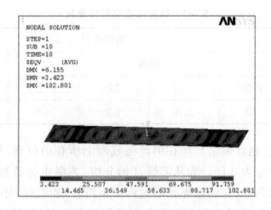

图 8-32 6t 吊笼底板的等效应力

8.3.3 舰用钢丝绳在挤压力下的有限元分析

1. 工程背景

钢丝绳由许多制绳钢丝缠绕或编织而成,结构上分为圆型股钢丝绳、异型股钢丝绳和密封型钢丝绳,主要用于矿山、索道、缆车、起重、电梯、钻井、舰船和航空等行业。舰船用钢丝绳常用于战斗和拖拽等特殊任务,受到海水和海洋空气的腐蚀,因而对钢丝绳的机械性能,特别是强度有相对较高的要求,其中圆型股钢丝绳得到广泛的使用,设计中需进行准确的应力分析。

钢丝绳结构比较复杂,是由一定数量、一层或多层的股绕成螺旋状而形成的。钢丝绳的这种结构具有很大的灵活性,使其成为理想的承受拉伸载荷的工程结构件。舰用圆型股结构钢丝绳设计中,一般仅是将钢丝绳所受的拉力考虑安全系数后与钢丝绳的破断拉力相比较来确定,并未涉及钢丝绳中钢丝的应力。当钢丝绳受到外载作用时,钢丝中除产生拉应力和接触应力外,还要产生弯曲应力和因扭转造成的剪应力。各钢丝在径向压力和轴向拉力作用下还会产生摩擦力,各钢丝中的应力状态不仅依赖于几何和螺旋线的构成,而且还依赖其在整绳中的位置,钢丝应力是钢丝绳设计的主要依据,必须进行精确的分析。

2. 有限元模型

金属绳芯结构钢丝绳($6\times37+7\times7$),股绳结构为($1+6+15+15$),属于点、线接触钢丝绳,采用股左捻和绳右捻的交互捻形式(ZS 方式)。主要尺寸参数如表 8-2 所示。

表 8-2 钢丝绳主要尺寸参数

钢丝绳直径/mm	钢丝直径/mm				
	股绳				绳芯
	中心	一层	二层	三层	金属绳芯
56.0	3.0	2.8	2.2	3.0	2.1

为了更好地描述钢丝绳每根丝在钢丝绳截面上所在的位置,根据钢丝绳截面的中心对称性,把钢丝分为 8 层。先从芯绳开始分组,芯绳也是捻制而成的,也由芯和股组成,其芯又分为芯丝(在钢丝绳捻制过程中不扭转)和股丝,分别为 A 层和 B 层。芯绳股的芯丝为 C 层,股丝为 D 层。钢丝绳外股股芯为 E 层,股丝一层为 F 层,二层为 G 层,三层为 H 层。钢丝绳截面分层情况如图 8-33 所示。

钢丝绳的弹性模量为 210GPa;极限应力为 1770MPa;采用 8 节点等参三维实体单元,每根钢丝截面上取 6 个节点,钢丝间的接触点作为节点,接触点不足 6 个的,找其他点补齐。在钢丝绳轴向上,取 3mm 为一个单元高度段。每段上每根钢丝分两个单元,该结构钢丝绳共有 271 根丝,计算中分析了 66mm 长的钢丝绳,共 22 段。有限元模型如图 8-34 所示。钢丝在受力过程中,载荷和边界条件非常复杂。假设钢丝绳的一端固定,另一端沿绳轴向加 0.25mm 的位移载荷,相当于 744.24t 力的拉力。

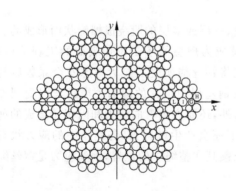

图 8-33 钢丝绳(6×37+7×7)横截面

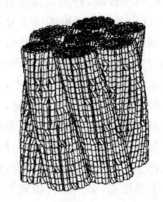

图 8-34 钢丝绳的有限元模型

3. 结果分析

利用以上载荷和边界条件。计算得到各单元形心处的应力状态,取中间的 30mm 进行研究。沿钢丝绳轴线的应力分量 σ_z 是钢丝绳破坏的主要因素。图 8-35(a)和(b)分别给出在钢丝绳 B,C,D,E,F,G 和 H 各层中的钢丝沿高度 h 方向的正应力分

量 σ_z 的变化曲线。

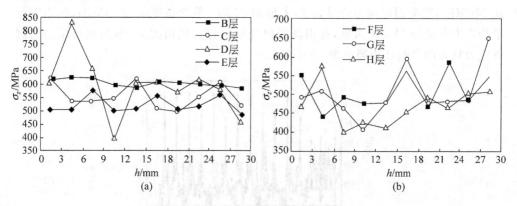

(a)   (b)

图 8-35　钢丝应力分量在绳轴向上的分布

(a) B 层到 E 层的钢丝应力随轴向变化曲线；(b) F 层到 H 层的钢丝应力随轴向变化曲线

从图 8-35 可以看出,钢丝的应力分量 σ_z 在钢丝绳轴向上并不一致,而是有很大的变化,其中 D 层,即芯绳的最外层(见图 8-35(a))轴向的平均应力为 520MPa,应力变化幅度达 90MPa,大约为平均应力的 17.3%。G 层,即股绳的最外层(见图 8-35(b)),轴向平均应力为 470MPa,应力变化幅度达 100MPa,约为平均应力的 21.3%。可见,垂直应力分量 σ_z 在绳轴向上波动很大,主要是由于钢丝在捻制成绳的过程当中呈螺旋屈曲状态,钢丝轴线与绳轴线的夹角不断变化所致。

分析钢丝应力分量 σ_z 在绳截面上的应力分布表明,股绳间的接触钢丝(图 8-35 中的 H 层)应力分量 σ_z 最大,其次在芯绳与股绳的接触钢丝上(图 8-35 中的 D 层)的应力也较大。这些位置的钢丝最容易拉断。

图 8-36 表示在整根钢丝绳中各钢丝的应力分量 σ_z,平均应力约为 550MPa,最大应力为 1096MPa,应力变化幅度约 650MPa,甚至大于平均应力,可见在整绳中各钢丝应力很不均匀,差别很大,主要与钢丝在整绳中所处的位置有关。

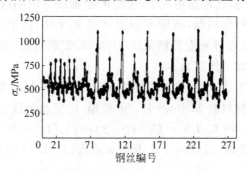

图 8-36　整绳中每根钢丝应力分量 σ_z

图 8-37 表示在钢丝绳中各钢丝所受挤压应力,可以看出钢丝所受最大挤压应力达 270MPa,约为钢丝应力分量 σ_j 最大值的 25%。平均挤压应力 63MPa,约为钢丝平均应力分量的 11%。可见,在钢丝绳仅受轴向拉力的情况下,钢丝间挤压力对钢丝应力状态的影响已相当可观,应该考虑。

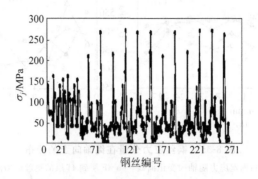

图 8-37　整绳中每根钢丝挤压应力分量σ_j

8.3.4　液压密封圈的有限元分析及结构优化

1. 工程背景

密封圈是液压系统防止泄漏、提高容积效率的重要元件,密封失效不仅影响系统正常工作,还会浪费工作油液、污染设备和环境,有时密封件损坏造成的损失,甚至是密封件本身价值的千万倍。现代液压控制技术对密封提出了更高的要求,其密封性能已成为评价产品质量的重要指标。

2. 有限元模型

图 8-38 为公称直径 $\phi56mm$ 的轴用 Yx 形密封圈几何尺寸。密封圈与安装槽、活塞杆组成轴对称结构,在理想情况下,密封圈沿轴线方向的载荷也是轴对称的,故计算模型采用平面轴对称模型,有限元模型如图 8-38(b)所示。橡胶材料采用超弹性单元 PLANE183,活塞杆和安装槽采用 PLANE82 单元,其表面简化为刚体边界,在密封圈唇口方向施加液体压力。

密封橡胶材料为丁腈橡胶,其力学性能表现为复杂的材料非线性,其材料模型采用近似不可压缩弹性材料的 Mooney-Rivlin 模型,应变能函数为

$$W(I_1, I_2) = C_{10}(I_1 - 3) + C_{01}(I_2 - 3)$$

式中,W 为修正的应变能,C_{10} 和 C_{01} 为 Rivlin 系数,I_1, I_2 分别为第 1,2 格林应变不变量。

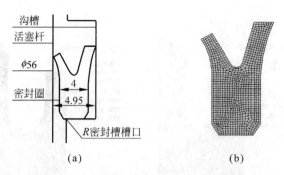

图 8-38 Yx 形密封圈截面尺寸和有限元模型

密封圈和沟槽的接触采用接触单元 CONTA172 和目标单元 TARGE169,活塞杆和沟槽面在 3 个接触对中作为主接触面,Yx 形圈的接触区域作为从接触面。由于 Yx 形密封圈内唇短边和密封面接触处尺寸较小,且存在尖角,为避免接触对互相渗透,采用常规拉格朗日法实施接触面无穿透约束条件。

对安装槽的所有自由度和活塞杆垂直自由度进行约束。分为两个载荷步加载,第一步,利用活塞杆位移来模拟 Yx 形橡胶密封圈的安装过程,使 Yx 形圈处于压缩状态;第二步,安装结束后,在 Yx 形圈的唇部开口处逐步施加油压载荷,以模拟液压油的作用。

3. 结果分析

判断密封圈失效的准则如下。

(1) 最大接触压应力准则:最大接触压应力小于工作内压时,会造成介质外泄,密封圈失效。

(2) 最大剪切应力准则:保证密封下的剪切应力满足:$\sigma_{xy} < [\tau_b]$。式中 σ_{xy} 为密封圈在工况下所受的最大剪应力;$[\tau_b]$ 为橡胶材料的许用抗剪强度,$[\tau_b] = 4.6\text{MPa}$。

当压缩率为 25%,介质压力为 4MPa,摩擦系数为 0.3,密封槽槽口圆角半径为 0.2mm 时,密封圈的变形、应力以及接触压力分布如图 8-39～图 8-41 所示。

最大剪切应力和 Mises 应力都出现在上下唇交汇处,变形最大区域发生在 Yx 形开口靠近内唇处,根部有较大的接触压力,因此密封圈破坏模式应为两唇交汇区域因压缩后的最大应力导致失效以及根部的磨损或咬伤导致密封圈失效。

由于 σ_{xy} 为 2.4MPa,没有超过材料的许用抗剪强度,接触压力 8.6MPa,大于介质压力,故该工况下密封圈没有失效。

工作介质压力、初始压缩率、槽口圆角半径以及摩擦系数对密封性能有很大影响,采用参数化方法,重新进行分析,可以得到这些因素对密封性能影响的规律(变化曲线),为结构优化提供理论研究基础。

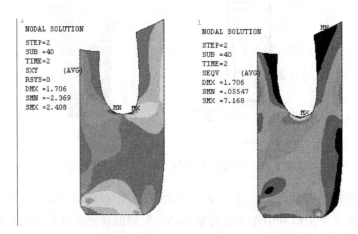

图 8-39　剪切应力和 Mises 应力图（单位：MPa）

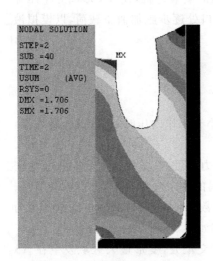

图 8-40　变形图（单位：mm）

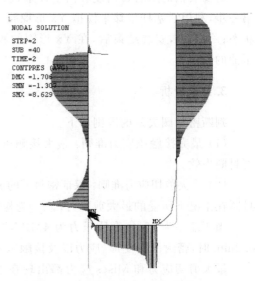

图 8-41　接触压力分布云图（单位：MPa）

　　图 8-42～图 8-44 为密封圈结构优化后的模型及分析结果，这表明：相同条件下，优化后的摩擦力较优化前的摩擦力小，密封圈根部磨损得到改善，同时摩擦力与压力叠加后，最大接触压力出现在唇口中部附近，避免了根部出现最大接触压力而磨损早于唇部磨损（优化前的结构）导致密封失效的现象。

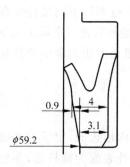

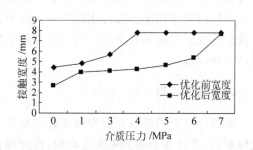

图 8-42 优化后截面尺寸(单位：mm)　　　图 8-43 优化前后接触宽度的变化(单位：mm)

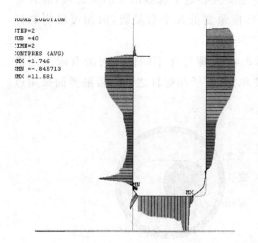

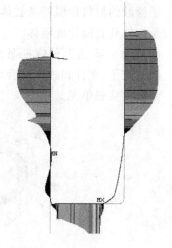

图 8-44 优化前、后的接触压力云图(单位：5MPa)

8.3.5 单螺杆泵定子橡胶的接触磨损分析

1. 工程背景

单螺杆泵是一种内啮合的密闭式容积泵,可用于输送各种性质的液体,广泛应用于食品、纺织、造纸、石油、化工和建筑等领域。它的主要工作部件由具有双头螺旋空腔的定子(衬套)和在定子孔内与其啮合的单头螺杆(转子)组成。定子采用橡胶材料,不仅是易损件,而且它与螺杆的配合状况直接影响螺杆泵的工作性能,决定了泵的寿命和效率。

采用有限元法对常规单螺杆泵以及近年来研制的等壁厚定子单螺杆泵的定子橡胶和螺杆进行接触非线性计算,研究螺杆在定子圆弧顶部及中间位置接触时,定子分别受均匀压力和工作压差作用下的变形状态及应变变化;分析定子接触磨损的特点及规律；定子和螺杆间的过盈量对定子磨损的影响；并对这两种不同结构单螺杆泵定子磨损的规律和特点进行比较分析。由于目前还没有能够直接对实际工况下的定子橡胶的变形和接触状态进行测试的有效手段，因此有限元方法为定子的优化设计提供了理论基础。

2. 有限元模型

单螺杆泵定子是以橡胶为衬套硫化粘接在缸体外套内形成的，定子内表面是双线螺旋面，螺杆外表面为单头螺旋面，常规螺杆泵的定子外表面为圆柱形，等壁厚定子螺杆泵的定子是等厚度的，缸体外套的几何形状相应也有变化。定子和螺杆可以采用平面应变模型，以提高求解效率。由于主要关心定子橡胶的变形及磨损，而且定子橡胶的材料比螺杆及缸体外套材料的弹性模量要低几个数量级，因而可以将螺杆及缸体外套简化成刚体。

图 8-45 为两种螺杆泵的几何模型，图 8-46 为螺杆在不同位置时的有限元网格图。定子、螺杆和缸体外套均采用平面应变单元，定子和螺杆之间的接触界面采用点到面的接触单元。

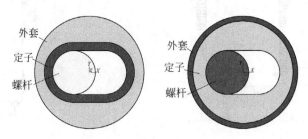

图 8-45　两种螺杆泵的几何模型

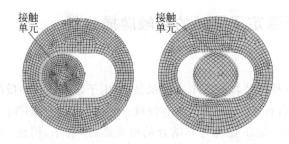

图 8-46　螺杆在不同位置的有限元模型

定子外径与缸体相连，缸体固定，工作时定子内表面受液体压力的作用，同时还受与螺杆接触摩擦的影响。

3. 结果分析

1）常规螺杆泵

定子和螺杆接触摩擦作用对定子受力变形及磨损的影响与定子和螺杆的接触位置以及二者间的过盈量有关。在计算模型中，假设螺杆顺时针方向旋转，定子和螺杆间的摩擦系数取 0.4,过盈量为 0.3mm。

接触位置在圆弧顶和中间时分别进行计算，得到剪应变云图，如图 8-47 所示。

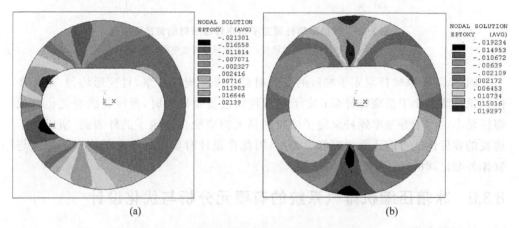

图 8-47　常规螺杆泵定子和螺杆接触时的剪应变

（a）接触位置在圆弧顶时；（b）接触位置在中间时

选择磨损最大的圆弧顶接触位置，过盈量分别取 0.1mm,0.3mm,0.5mm 进行计算，结果 UX 由 0.0375mm 增至 0.302mm,UY 由 0.0524mm 增至 0.29mm,变化近两个数量级，而最大剪应变由 0.72% 变到 3.7%（图略）。

以上分析表明：常规螺杆泵在均匀工作压力作用下，定子与螺杆在圆弧顶接触时，剪应变和变形均大于受工作压差作用在直线段接触，由于此时接触面积大，接触压力增大，定子与螺杆之间进入的介质最多，磨损也最大，且最大剪应变位于定子圆弧段的内表面，因此定子两圆弧对角磨损最严重，两侧磨损量逐渐减小，中间最小，这与常规单螺杆泵实际磨损情况相吻合。定子和螺杆间的过盈量增加时，剪应变及变形显著增加，因此在保证泵容积效率的前提下，适当减小过盈量有利于减小磨损，提高泵的机械效率，延长泵的使用寿命。

2）等壁厚螺杆泵

与常规螺杆泵相比，在圆弧顶接触时，定子的变形和剪应变明显减小；在中间接触时，定子变形减小，但剪应变有所升高，且最大剪应变位于定子的外表面，如图 8-48 所示，而常规螺杆泵的最大剪应变位于定子的内表面。

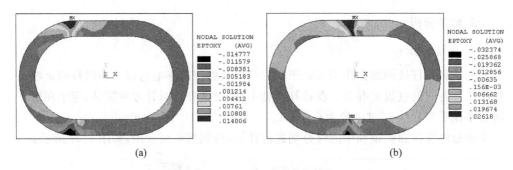

(a)   (b)

图 8-48　等壁厚螺杆泵定子和螺杆接触时的剪应变

（a）接触位置在圆弧顶时；（b）接触位置在中间时

　　因此,等壁厚螺杆泵定子橡胶的变形明显小于常规螺杆泵,且变形均匀,定子在圆弧顶的磨损小于常规螺杆泵;定子和螺杆间过盈量增加时,剪应变的变化比常规螺杆泵小。由于等壁厚螺杆泵定子橡胶的最大剪应变位于定子的外表面,所以定子橡胶的疲劳性能可能比常规螺杆泵要差,因此在设计时要更加注意提高定子橡胶与缸体外套之间的粘接质量。

8.3.6　冰箱压缩机排气系统的有限元分析与优化设计

1. 工程背景

　　排气系统是家用冰箱压缩机的重要组成部分,对压缩机性能、噪声、可靠性等方面均具有较大影响,因此,准确了解该系统的运动规律就显得十分重要。由于冰箱压缩机通常为全封闭结构,且在工作过程中阀片处于高速运动状态,工程技术人员很难通过实验方法对处于工作状态下的零部件运动进行准确研究,故排气系统的设计与研究只能根据设计者的经验来进行估算,因此存在一定的缺陷。

　　采用数值模拟的方法不仅可以有效地解决这一问题,在了解排气过程中各零部件运动规律的基础上,获得如应力、应变、刚度、频率等关键参数。还可以借助 2 次开发的专用计算软件,对零部件进行优化设计。

2. 有限元模型

　　根据零部件装配关系,从上至下依次为限位器、压片、排气阀片,建立排气系统模型,如图 8-49 所示。图 8-50 为有限元网格图,限位器采用 solid95 单元,排气阀片与压片采用 Shell93 单元。限位器采用冷轧钢材,厚度 2mm,阀片、压片均采用瑞典 Sandvic 公司生产的 20C 阀片钢,厚度 0.203mm。

　　模拟过程分两步完成:首先模拟排气系统装配过程,即限位器下压过程。第二步,模拟排气阀片开启过程。图 8-51 显示了当限位器装配结束后,各零件的变形,此时压片在限位器作用下产生一定弯曲。图 8-52 显示了当排气阀片开启到最大角度时,排气阀片与压片的变形。

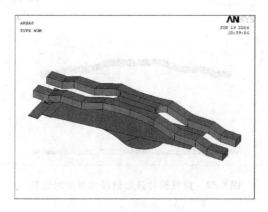

图 8-49 排气系统三维模型

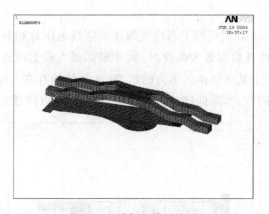

图 8-50 排气系统网格图

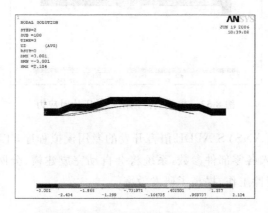

图 8-51 排气阀片刚刚接触压片时位移

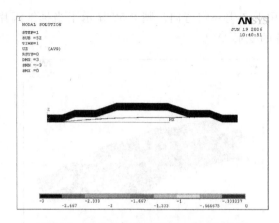

图 8-52　排气阀片开启到最大角度时位移

3. 结果分析

图 8-53 和图 8-54 分别显示了当排气阀片刚刚接触压片和开启到最大角度时等效应力。当排气大片开启到最大高度时,阀片根部最大应力已经超过 720MPa 的许用应力极限,因此对于某些高排气压力的机型,这种结构存在一定安全隐患,必须通过降低限位器高度的方式,降低排气阀片最大抬升高度,以降低工作应力。

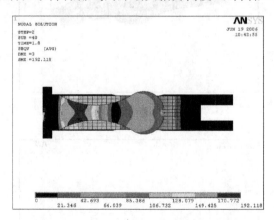

图 8-53　排气阀片刚刚接触压片时应力

图 8-55 为采用 ANSYS APDL 语言开发的专用模拟程序,工程技术人员可以通过参数输入菜单输入各零部件参数,系统将会自动完成建模、分网、接触对设置等过程,避免了大量重复性工作,提高了研发效率。

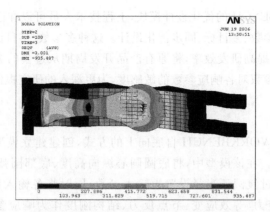

图 8-54　排气阀片开启到最大角度时应力

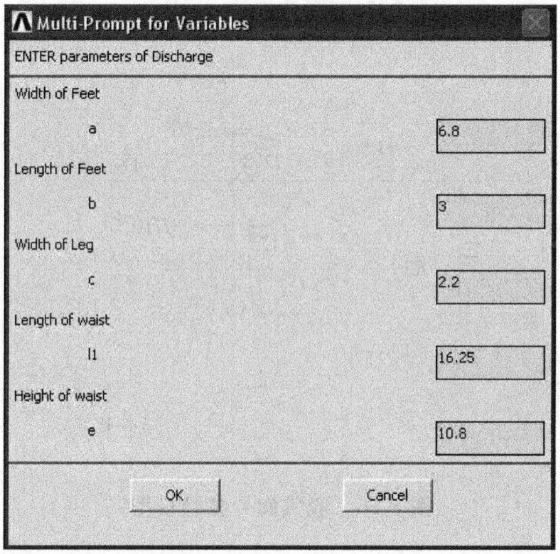

图 8-55　参数输入菜单

8.3.7　压缩机吸气阀片的优化设计

1. 工程背景

近 10 年来，由于相应的理论、方法、工具、模型等已经相对成熟，在冰箱压缩机零部件结构研究方面，工程技术人员的研究方向已经发生一定变化。其中，有关结构方面的优化设计与尺寸公差、敏感度方面的研究，已经成为国内外工程技术人员关注的新热点。

吸气阀片作为全封闭制冷压缩机的重要部件，一直是研究的热点问题。通过采用 ANSYS WORKBENCH 的优化设计模块,工程技术人员可以在已有基础上,对吸气阀片实现全面的多参数、多目标、同步优化设计。这种多参数、多目标、同步优化设计的方法,不仅可以大幅提高研发效率,将原有产品开发周期从过去的 2 周缩短为 3 天,还能准确掌握各输入参数对各响应参数的敏感度,为更深入的研究提供依据与经验。

2. 有限元模型

采用 ANSYS WORKBENCH 自底向上的方式,创建建立模型。图 8-56 为参数化的吸气阀片模型。在该模型中,将底圆圆心纵向高度、底部圆弧半径、阀片伸展角度、最细截面宽度、过渡圆弧半径设置为输入参数,同时将各输入参数分别按要求赋值。随后,将等效应力、等效应变、节点反力、结构刚度作为响应参数。图 8-57 为参数设置确认界面,图 8-58 为吸气阀片三维有限元网格模型,阀片材料为 Sandvic 公司生产的 20C 阀片钢。

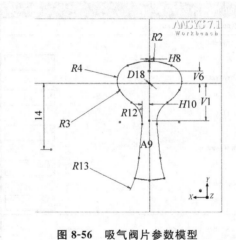

图 8-56 吸气阀片参数模型

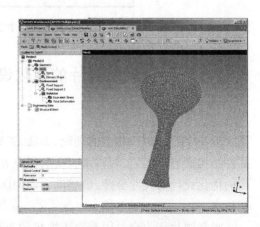

图 8-57 参数设置页面   **图 8-58 有限元网格**

3. 结果分析

通过对各输入、输出参数的敏感度图(图 8-59)进行分析后发现,阀片最细截面宽度和伸展角度两个参数对等效应力影响较为明显(图 8-60)。为了降低阀片工作应力,应在考虑工艺条件允许的情况下,适当减小最细截面宽度,增大阀片伸展角度。

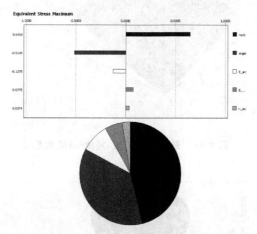

图 8-59　吸气阀片应力敏感度图

图 8-61 反映了系统刚度随最细截面宽度、阀片伸展角度这两个输入参数的变化情况。工程技术人员可以依据设计需要,对以上两个参数进行设计:当希望获得较大系统刚度时,应同时增大两个参数的取值;当需要选取较低系统刚度时,应尽量减小这两个参数的取值。

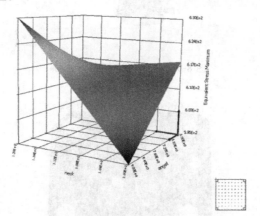

图 8-60　最细截面宽度-角度-应力关系

图 8-62 为最终方案的等效应力计算结果,阀片工作应力由最初的 577MPa 降低到 532MPa,降幅 7.8%。图 8-63 为最终用于生产阀片实物。

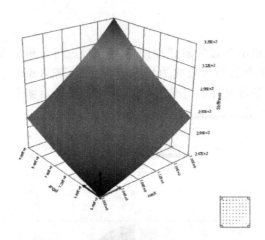

图 8-61　最细截面宽度-角度-刚度关系

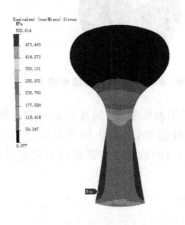

图 8-62　工作状态下应力分布

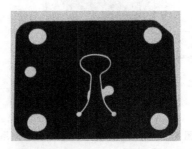

图 8-63　优化后的吸气阀片

8.3.8 热塑性复合材料的粘塑性有限元法

1. 工程背景

国际上重点发展的用于先进复合材料的热塑性树脂基体之一是聚醚醚酮(poly-ether-ether-keto,PEEK)。热塑性基复合材料 AS4/PEEK 是一种以石墨纤维增强的热塑性 PEEK 复合材料。与热固性环氧基复合材料相比,热塑性 PEEK 基复合材料还有许多问题亟待解决。大量的实验研究表明,对于 AS4/PEEK 层合板,由于 PEEK 基体韧性的提高,在拉伸及其他复杂载荷下,表现出较强的与变形速率相关的非线性行为,层间分层是重要的基本破坏形式之一,弄清其破坏机理、准确计算其层间应力及其分布是极为重要的。

2. 有限元模型

有限元模型尺寸如图 8-64 所示,其中 $a=10$mm,$b=2.5$mm,$h=1$mm,利用八节点六面体单元,划分单元 250 个,节点 396 个,其边界条件为:$x=0$,$u=0.0$;$x=a$,$u=10^{-3}$mm;$x=0$,$y=0$,$v=0.0$;$x=0$,$y=0$,$z=0$,$w=0.0$。

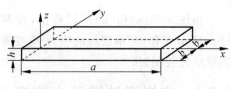

图 8-64 复合材料单层板的几何图

3. 结果分析

复合材料 AS4/PEEK,计算了 15°、30°、45°纤维铺设复合材料板(见图 8-64,铺设角是指纤维铺设方向与 x 轴的夹角)在偏轴拉伸下的工程应力-应变曲线,所考虑的应变率为 0.1s^{-1}。材料参数见表 8-3。在程序中,取 $\theta=0.65$,$\Delta t=0.001$s,各算了 100 个时间步,每一个时间步,板在 x 方向增加 100μs,材料最终的纵向线应变达到 10000μs。由图 8-65(a)可以看出,计算结果与实验结果吻合较好。

表 8-3 板的材料参数

E_1/GPa	E_2,E_3/GPa	G_{12},G_{13}/GPa	G_{23}/GPa	V_{12},V_{13}	V_{23}
127.6	10.3	6.0	3.45	0.32	0.49

注:E_1 表示沿纤维方向的弹性模量,E_2 和 E_3 表示垂直于纤维方向的弹性模量,G_{ij} 表示剪切弹性模量,V_{ij} 均表示泊松比。

对铺设角分别为 30°,45°和 90°的单向复合材料在应变率为 1×10^{-5} s^{-1}下的应力-应变行为曲线也进行了计算,所采用的有限元模型和数值与图 8-64 和表 8-3 相同,取 $\theta=0.65$,$\Delta t=10$s,每一个时间步,板在 x 方向增加 100μs,计算结果与实验结果比较如图 8-65(b)所示。

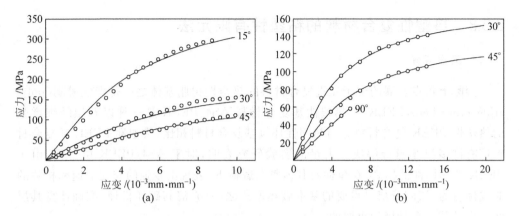

图 8-65 单向复合材料的应力-应变曲线

（a）应变率为 $0.1s^{-1}$；（b）应变率为 $1\times10^{-5}s^{-1}$

注：图中圆圈代表实验结果，曲线代表计算结果

由图 8-65(a)和(b)可以看出，在两种应变率下的计算结果与实验结果吻合较好。15°，30°和 45°单层板的应力-应变曲线有较强的非线性，30°和 45°单层板的率相关效应比较明显。

8.3.9 焦炭塔地震动力响应分析

1. 工程背景

焦炭塔是一种大型直立塔式设备，工作中会受到静载荷和动载荷的作用，其中地震载荷是一种随机性的动载荷，载荷的大小、方向及作用位置随时间而变化。这类动载荷通常会引起惯性力，使设备产生随时间变化的变形和动应力，设备遭受很大的弯矩，可能会使塔设备产生过大的挠度而发生刚度失效，而且会对设备底截面产生过大的弯矩而使塔设备的地脚螺栓失效。因此，对塔式设备进行地震载荷的分析十分重要。结构由地震引起的反应，可以用结构动力学来进行分析。

2. 有限元模型

对于焦炭塔这类设备来说，由于结构上相似，设计与分析具有很大的重复性，为了提高分析效率，可以将结构相同而尺寸不同的设备采用参数化分析方法来设计。已知焦炭塔的结构尺寸如图 8-66 所示。容器规格为：$\phi6000mm\times30975mm$。塔体共分为四部分：球形封头，上、下筒体和锥形封头。两个区域：泡沫段和生焦段。泡沫段筒体壁厚 28mm，充焦段筒壁厚 32mm，下筒体与锥形封头的过渡半径为 3000mm，壁厚 32mm，上封头为半球形，内半径 3000mm，壁厚 28mm。整个塔体由裙座支撑，塔体主体、裙座材质均为 20 钢，设计压力 0.3MPa。

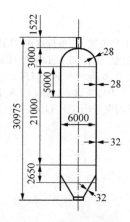

图 8-66　焦炭塔结构尺寸

图 8-67　有限元模型

　　根据几何尺寸,建立参数化有限元模型,如图 8-67 所示。塔体采用壳单元,焦炭采用三维实体单元,塔底基础全部约束。由于焦炭塔在预热、充焦、蒸汽冷却和水冷各阶段材料特性各不相同,故将不同工作阶段的材料特性以及塔体各部分的直径、壁厚等参数以变量形式定义为特征参数,由于篇幅所限,这里只给出充焦阶段的分析结果。建模过程命令流程序如下:

```
!********** 几何参数,单位 m **********
 * SET,TA_R,3                        !塔半径
 * SET,OUTLET_R,1                    !出口半径
 * SET,OUTLET_H,5.452                !出口高度
 * SET,LOW_H,16                      !下筒体高度
 * SET,UP_H,5                        !上筒体高度
 * SET,QUN_H,2.65                    !裙座高度
 * SET,LOW_T,0.032                   !下筒体厚度
 * SET,UP_T,0.028                    !上筒体厚度
!********* 前处理 *****************
/PREP7
!******** 定义单元类型及材料常数等 *********
ET,1,SHELL63                         !定义1号单元
ET,2,SOLID45                         !定义2号单元
MP,EX,1,1.824859E11                  !定义1号材料弹性模量
MP,PRXY,1,0.3                        !定义1号材料泊松比
MP,DENS,1,7.85E3                     !定义1号材料密度
MP,EX,2,4.20E8                       !定义2号材料弹性模量
MP,PRXY,2,0.3                        !定义2号材料泊松比
MP,DENS,2,0.8E3                      !定义2号材料密度
R,1,LOW_T,LOW_T,LOW_T,LOW_T          !定义1号实常数
R,2,UP_T,UP_T,UP_T,UP_T              !定义2号实常数
```

```
!********** 塔壁实体建模 **************
!********** 建立塔的关键点 **********
K,1,OUTLET_R                        !生成塔壁的1号关键点,坐标(OUTLET_R,0,0)
K,2,TA_R,OUTLET_H                   !建立2号关键点,坐标(TA_R,OUTLET_H,0)
K,3,TA_R,OUTLET_H+LOW_H             !建立3号关键点,坐标(TA_R,OUTLET_H+LOW_H,0)
K,4,TA_R,OUTLET_H+LOW_H+UP_H        !建立4号关键点,坐标(TA_R,OUTLET_H
                                              +LOW_H+UP_H,0)
K,5,TA_R,OUTLET_H-QUN_H
K,6,,OUTLET_H+LOW_H+UP_H
K,7,,OUTLET_H+LOW_H+UP_H+TA_R
K,1000
!********** 建立塔的线 ***************
L,1,2
L,2,3
L,3,4
L,2,5
LARC,4,7,6,TA_R
!********** 旋转生成塔体 **************
AROTAT,1,2,3,5,,,1000,6,,
AROTAT,4,,,,,,1000,6,,
!********** 划分网格 ***************
LSEL,S,LOC,Y,0
LSEL,A,LOC,Y,OUTLET_H-QUN_H
LSEL,A,LOC,Y,OUTLET_H
LSEL,A,LOC,Y,OUTLET_H+LOW_H
LSEL,A,LOC,Y,OUTLET_H+LOW_H+UP_H
LESIZE,ALL,,,6
CSYS,5
LSEL,S,LOC,X,OUTLET_R+0.001,TA_R-0.001
LSEL,A,LOC,Z,OUTLET_H+LOW_H+0.001,OUTLET_H+LOW_H+UP_H-0.001
LSEL,U,LOC,Z,OUTLET_H+LOW_H+UP_H,OUTLET_H+LOW_H+UP_H+TA_R
LESIZE,ALL,,,6
LSEL,S,LOC,Z,OUTLET_H-QUN_H+0.001,OUTLET_H-0.001
LESIZE,ALL,,,8
LSEL,S,LOC,Z,OUTLET_H+0.001,OUTLET_H+LOW_H-0.001
LESIZE,ALL,,,20
ALLS
ASEL,S,LOC,Z,0,LOW_H
REAL,1
MSHKEY,1
MSHAPE,0,3D
AMESH,ALL
ASEL,S,LOC,Z,LOW_H+OUTLET_H,LOW_H+UP_H+QUN_H+OUTLET_H
REAL,2
AMESH,ALL
```

```
ALLS
NUMMRG, ALL
NUMCMP, ALL
! * * * * * * * * * 生成焦炭单元 * * * * * * * * * * * * * *
CSYS
K, 1001, , OUTLET_H, ,
A, 1001, 13, 17
A, 1001, 17, 2
A, 1001, 2, 9
A, 1001, 9, 13
ASEL, S, LOC, Y, OUTLET_H
AMESH, ALL
! * * * * * * * * * 将面网格延伸为体网格 * * * * * * * * * * * *
TYPE, 2
MAT, 2
EXTOPT, ESIZE, 20
VEXT, ALL, , , , LOW_H
EXTOPT, ESIZE, 6
EXTOPT, ACLEAR, 1
ASEL, S, LOC, Y, OUTLET_H
VEXT, ALL, , , , -OUTLET_H, , 1/3, , 1/3
ALLS
NUMMRG, ALL
NUMCMP, ALL
ASEL, S, AREA, , 17, 20, 1
ASEL, INVE
AREVERSE, ALL
! * * * * * * * * * 施加约束 * * * * * * * * * * * * * * * * * * * *
NSEL, S, LOC, Y, OUTLET_H-QUN_H          !选择裙支座节点
D, ALL, UX                               !约束所选节点 X 方向的自由度
D, ALL, UY                               !约束所选节点 Y 方向的自由度
D, ALL, UZ                               !约束所选节点 Z 方向的自由度
ALLS
```

3. 基于反应谱理论的地震响应分析

反应谱理论是现代抗震设计的基本理论,也是《钢制塔式容器》(JB 4710—2005)中关于地震载荷计算的理论基础。该理论反映了地面运动对不同自振周期和阻尼比的单自由体系的最大响应,即在给定地震加速度时间过程下,弹性粘滞阻尼体系的最大响应相对于体系自振周期 T 和阻尼比 ζ 的函数关系。这种方法在设计和分析的应用上带来了许多方便,因此被普遍采用。

按照《钢制塔式容器》(JB 4710—2005)标准,地震响应系数曲线如图 8-68 所示。图中 α_{max} 为水平地震影响系数最大值,T_g 为特征周期,η_2 为阻尼调整系数,γ 为衰减系

数。这里选取 $\alpha_{max}=0.09, T_g=0.2s, \gamma=0.8$。

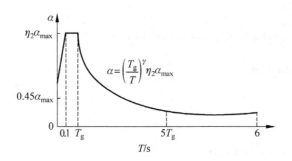

图 8-68　地震响应系数曲线

　　根据反应谱求地震响应的步骤是：首先进行模态分析，得到系统的各阶固有频率和振型，然后进行谱分析，计算结构在给定的每个自然频率下的最大响应，最后将这些最大响应组合即为结构的总体响应。应该注意到，当某一振型的地震作用达到最大值时，其余各振型的地震作用不一定也达到最大值，因此，塔设备地震作用的最大值并不等于各振型地震作用之和。根据随机振动理论以及《钢制塔式容器》标准规定，结构的水平地震作用效应采用"平方和开方"组合法，即 SRSS 法。

　　求系统的固有频率和振型转化为求解下列广义特征值问题：

$$M\ddot{X} + KX = 0$$

由于 $X=\phi\sin\omega t$，代入上式得到 $(K-\omega^2 M)\phi = 0$。

　　若上式有非零解，则

$$\det(K - \omega^2 M) = 0$$

式中，M, K 分别为质量、刚度矩阵，X 为位移列阵，ϕ 为振型向量（特征向量），ω 为固有频率（特征值）。

　　反应谱响应分析过程命令流程序如下：

```
……
/SOL
ANTYPE,2                          !指定模态分析
MODOPT,LANB,10                    !兰召斯法,提取 10 个模态
EXPASS,ON
MXPAND,10,,,YES,0.001            !扩展 10 个模态
LUMPM,1
SOLVE                            !求解
FINI
/SOL
ANTYPE,SPECTRUM                  !指定谱分析
SPOPT,SPRS,10,1                  !单点响应谱,计算单元应力
BETAD,0
```

```
DMPRAT,0.05
SVTYPE,2,1                          !采用加速度响应谱
SED,1,0,0                           !设置激励谱方向为 X 方向
 * DO T,0.0001,0.1,0.025            !循环计算结构频率和谱值
F＝1/T
a＝a_max*(0.45+5.5*T)
FREQ,F                              !设置频率
SV,,a                              !设置与频率点对应的谱值
 * ENDDO
……
SOLVE                              !求解
FINI
/SOL
ANTYPE,SPECTRUM                    !重新进行谱分析
SRSS,0.01,DISP                     !合并模态
SOLVE                              !求解
FINI
/POST1
/INPUT,'JOBNAME','MCOM'            !读入合并后的结果文件
PLNSOL,U,X,0,1                     !显示 X 向位移变形
……
FINI
```

图 8-69 为一阶频率下的 X 向位移和应力分布图,图 8-70 为采用 SRSS 法模态合并后的 X 向位移和应力分布图。可以看出,最大位移出现在塔顶,为 0.112mm,最大应力出现在塔底裙座部位,为 0.55MPa。

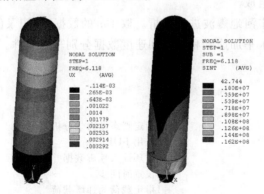

图 8-69　一阶 X 向位移和应力分布图

4. 基于时程响应理论地震响应分析

时程响应理论的分析方法是选取比较具有代表性的天然或人造的地震波,作为加速度曲线直接输入结构的动力方程,求解结构振动时的位移。选取原则一般应同

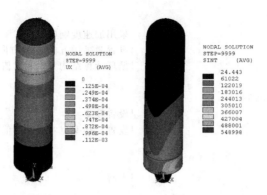

图 8-70   模态合并后的 *X* 向位移和应力分布图

时符合地震动三要素：地震动强度、地震动谱特征和地震动持续时间。这种方法可以直接获得地震过程中结构各时刻的变形及内力，以及节点的位移、速度和加速度随时间变化的曲线，并以此进行结构构件的截面抗震承载力验算和变形验算。同时时间历程响应理论还可以进行非线性的动力学性能分析，弥补了反应谱理论的缺陷和不足。因此，时间历程响应法是能够真实地反映地震载荷的动态作用的抗震分析方法。

结构在地震作用下的动力方程为

$$\boldsymbol{M}\ddot{\boldsymbol{X}} + \boldsymbol{C}\dot{\boldsymbol{X}} + \boldsymbol{K}\boldsymbol{X} = \boldsymbol{M}\boldsymbol{A}(t)$$

式中，$\boldsymbol{M}, \boldsymbol{C}, \boldsymbol{K}$ 分别为质量、阻尼和刚度矩阵，$\boldsymbol{X}$ 为位移列阵，$\boldsymbol{A}(t)$ 为地震加速度列阵，由 3 个加速度分量组成。

这里采用天津宁河地震波进行分析。取 19s 的数据，从记录值中每隔 0.1s 取一个值，共 190 个，将水平加速度和竖向加速度数据分别写入文件。分析过程命令流程序如下：

```
……
/SOL
ANTYPE,4                    !指定瞬态动力学分析
TRNOPT,FULL                 !采用 FULL 法
* DO,T,1,190,1              !循环读入地震数据并求解
TIME,0.1 * T               !设置时间步
KBC,0                      !指定载荷为递增载荷
NSUB,1                     !设定子步数为 1
ALPHAD,0.05                !设定质量阻尼为 0.05
BETAD,0.01                 !设定刚度阻尼为 0.01
ACEL,TJX(2,T),TJY(2,T)     !设定 X、Y 方向加速度
SOLVE                      !求解
* ENDDO
FINI
```

```
......
/POST26                          !进入时间历程后处理器
* DIM, SINT, ARRAY, 190          !定义数组
* DO, I, 1, 190                  !循环提取应力强度峰值
SET, I                           !读入数据
NSORT, S, INT                    !应力强度按降序排列
* GET, SINT(I), SORT, , MAX      !提取应力强度峰值
* ENDDO
......
```

水平加速度绝对值峰值(7.7s)时,X 向位移及应力云图如图 8-71 所示,可以看出最大位移出现在塔顶,为 1.33mm,最大应力出现在塔底裙座部位,为 8.04MPa。图 8-72 为 X 向张力图和 Y 向弯矩图。利用时间历程后处理,可以提取塔不同位置的位移、速度随时间变化的曲线,图 8-73 为图 8-67 有限元模型所示上、中、下 3 个位置的位移、速度曲线,可以看出,塔顶的最大位移为 1.8mm,出现在 8.2s,最大速度为 14.7m/s,出现在 10s。在应力分析结果中,提取各时间点上应力强度最大值,可以得到应力强度峰值随时间变化的曲线,如图 8-74 所示,最大的应力强度峰值为 9.53MPa,出现在 8.2s。

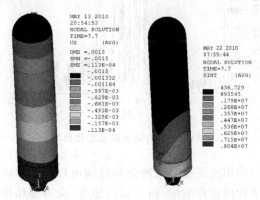

图 8-71 X 向位移及应力云图(7.7s)

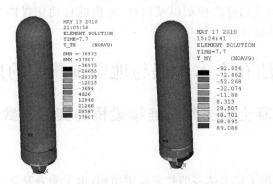

图 8-72 X 向张力图和 Y 向弯矩图(7.7s)

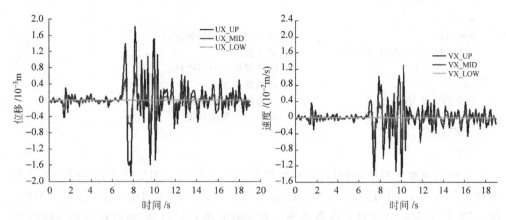

图 8-73 位移和速度变化曲线

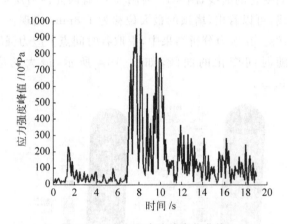

图 8-74 应力强度峰值变化曲线

采用有限元方法,应用地震反应谱理论和时间历程响应理论对焦炭塔进行地震响应分析,可以得到结构的位移响应、内力以及速度、应力等结果,以此,可以对设备进行刚度失效和应力失效分析。利用 ANSYS 软件的 APDL 语言可实现设备的参数化分析,为快速构造和修改模型以及设计、分析的自动化提供方便可行的实现方法,该计算方法可供设计人员参考。

8.4 有限元法在土木工程与地震预测中的应用

8.4.1 钢筋混凝土斜交刚构连续梁桥的实验与数值分析

1. 工程背景

桥梁工程中出现了越来越多的特殊桥梁结构,由于受力复杂,因而对力学分析提出了较高的要求。受地理条件和铁路线通行方向的限制,其主体结构和支承结构采用平行四边形结构,桥短边与纵轴线夹角为 55°,为 6 柱 5 跨连续梁全钢筋混凝土结构。桥梁分主体和便道(主体 4.99m,便道 1.15m),中间两桥墩与桥梁体成一体,边上四桥墩为活动支承,因此称为钢筋混凝土斜交刚构连续梁桥(简称斜交桥)。桥梁纵向长为 104.9m,宽为 6.14m。斜交桥是近年来采用的一种新结构,必须针对具体结构计算分析。

该桥结构复杂,受力情况也是多样的。桥梁承受本身的重量(称为一期恒载)。随后桥梁还要承受道渣、铁轨等结构的重量(称为二期恒载)。又选择了两种不利载荷布局的活荷载进行分析。因此需要分析 4 种载荷工况下的桥梁受力状态。

2. 有限元模型

实物为全钢筋混凝土,弹性模量为 34.5GPa,泊松比为 0.167,密度 2.5T/m³。桥主体支承的中心线与铁路线的中心线并不重合,一期恒载时桥梁主体载荷为 14.28T/m,便道载荷为 0.72T/m;二期恒载时桥梁主体载荷为 6.8T/m,便道载荷为 0.7T/m。活载荷只作用于桥梁局部跨度内约 3.4m(见图 8-76)的宽度范围,参见图 8-75(b),第三工况是在 2♯跨和 4♯跨下作用 7.22T/m 的分布压力,并在 2♯跨中部约占该跨 1/4 长度上还另外作用 6.88T/m 的分布压力。第四工况是在 2♯跨、3♯跨和 5♯跨下作用 7.22T/m 的分布压力,在 2♯跨略偏 3♯墩约占该跨 1/4 长度上还另外作用 6.88T/m 的分布压力。计算模型首先被分割为 427 个结构体,然后选用 8 节点 6 面体 SOLID45 号单元对结构进行单元划分,最后共采用了 26392 个节点,19762 个单元。单元网格如图 8-77 所示。按结构的支承条件引入桥墩的约束条件,分别将四种工况载荷引入,进行计算分析。

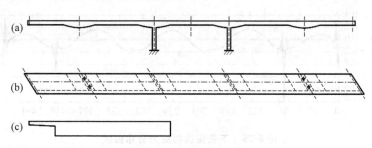

图 8-75 桥梁结构图

(a) 纵截面图;(b) 俯视图;(c) 横截面图

3. 计算结果及分析

(1) 本次计算分析的目的主要是考查桥梁的应力,四种工况下的计算应力分别为 27.5MPa,13.57MPa,7.96MPa 和 8.79MPa。

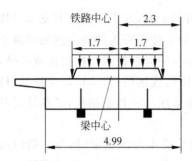

图 8-76 活载作用范围(单位：m)

图 8-77 桥梁计算的有限单元网格

（2）由于桥梁整体的平行四边形结构,引起结构受力响应出现了较强的不对称特征,以表面承受均布压力的模型第一、二工况为例,支座反力分布不对称。

（3）桥梁下表面有较大的应力集中,上表面应力分布相对均匀。以模型的第二工况为例,图 8-78 和图 8-79 分别表示某上、下表面纵向应力的分布情况,其中水平坐标轴为梁体的长度。很明显可以看出梁下方的应力集中。

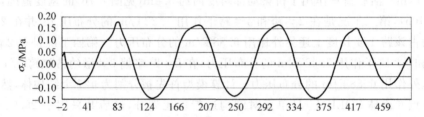

图 8-78 上表面纵向应力分布曲线

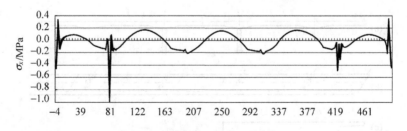

图 8-79 下表面纵向应力分布曲线

8.4.2 钢结构外伸端板连接抗火性能研究

1. 工程背景

梁柱端板连接是钢结构工程中应用最广的一种连接方式。目前,国内外对节点抗火性能方面的设计规范没有明确的规定,通常在进行整体钢结构抗火分析时假定连接为理想刚接、铰接或是采用常温下连接的弯矩-转角关系模型,而实际的连接为半刚性,且随温度的升高,材料特性的软化,高温下连接的弯矩-转角关系也相应发生变化。因此研究连接节点在火灾下的行为对整体钢结构抗火分析与设计具有重要意义。

2. 有限元模型

图 8-80(a)为梁柱端板连接结构几何尺寸,梁、柱分别为 305×165UB40 和 203×203UC52,采用 8.8 级 M20 高强度螺栓,端板厚度 15mm,加劲肋厚度 8mm。由于结构对称,按其二分之一建立三维有限元模型,见图 8-80(b)。端板、加劲肋以及梁、柱的翼缘和腹板均采用 8 节点三维壳单元,用梁单元模拟螺栓的性能;端板和柱翼缘之间的摩擦接触关系通过三维接触单元建立;高强度螺栓的预紧力由三维预紧力单元施加。试验中混凝土板放在梁上翼缘上,未与梁连接,仅起隔离作用,因此有限元模型中没有考虑组合梁的作用。温度在 300℃ 以下时,钢的弹性模量和屈服极限变化不大,超过 300℃ 后,两者明显减小。

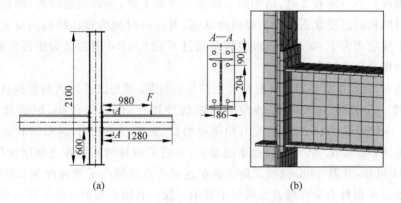

图 8-80 结构几何尺寸及有限元模型

柱两端固定,柱的中线为对称边界条件,端板与柱翼缘之间的接触摩擦系数取0.35。集中力载荷 F 为 90kN,每个高强度螺栓预紧力为 30kN。连接节点各组件的温度载荷,按图 8-81 所示的曲线进行加载,假设柱腹板和端板沿厚度方向温度均匀分布。试验中考虑到节点区域所谓的"质量聚集效应",为了避免钢梁先于节点区域破坏而影响试验的实施,对钢梁进行了防火保护,在梁上包了一层陶瓷纤维,故对梁施加温度载荷时也考虑了这一因素。梁上翼缘施加面载荷,用以模拟混凝土板的作用。

3. 结果分析

梁柱节点转角的计算公式为

$$\theta = \frac{U_t - U_c}{D_b - t_{bf}}$$

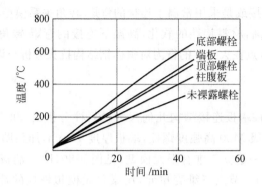

图 8-81 温度分布

式中，U_t 为端板在梁受拉翼缘处的位移；U_c 为端板在梁受压翼缘处的位移；D_b 为梁高；t_{bf} 为梁翼缘厚度。

当温度升到一定程度时，结构的承载能力明显下降，达到极限状态，结构发生破坏。此时结构的温度状态称为临界温度状态，对应的时间为整体结构的抗火时间极限。通常规定火灾下，梁柱节点极限转角超过 6° 或 0.1rad 时即认为连接失效，其对应的时间即为抗火极限。

图 8-82 为连接节点转角 2 时间关系曲线，模拟结果与试验得到的数据具有很好的相关性。在升温 36min 前，转角随时间线性增大，但斜率较小，增长速率仅为 0.35m·rad/min；36min 后，转角开始迅速增长，至节点失效前，转角增长速率超过了 10.5m·rad/min。转角增长速率的加大，表明了钢材的软化和连接刚度的下降。由图 8-81 可知，升温 36min 时，无防火保护连接节点区域的平均温度为 350℃ 左右，这一温度正是钢材力学性能开始明显下降的区段。有限元数值方法能较为准确地模拟连接节点转角随火灾时间增加而急速增大的特性。

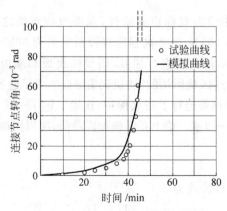

图 8-82 节点转角-火灾时间关系

试验中,节点达到极限转角(6°或0.1rad)时对应的时间即抗火时间为45min,计算得到的抗火时间为46.5min。造成这一误差的主要原因是火灾试验中各组件的温度分布比较复杂,难以准确测量,计算模型中将每个组件的温度载荷按同一条温升曲线取值,温度分布不够精确,与实际情况有误差。

连接节点的弯矩-转角关系曲线如图8-83中的曲线2,由此可以得到节点的连接刚度。火灾下,连接受压区的变形很小,钢柱翼缘与端板之间仍保持紧密接触状态,变形主要集中在受拉区。由于节点各组件在火灾下升温不一致,同时不同材料的特性随温度升高而降低的程度不同,导致构件之间内力和弯矩重新分布,受拉区端板和钢柱翼缘及梁上翼缘有很大的塑性弯曲变形,增加了梁的转动能力,因此,节点破坏时结构可承受的变形和转角比常温时大得多。

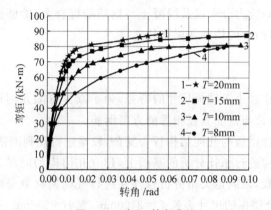

图 8-83 弯矩-转角曲线

图8-84为连接失效前的变形图和Mises应力云图。由于各组件材料和受火温度不同,屈服极限和强化应力也不同。上部第一排螺栓,受火温度低,应力最大,达到了其强化应力;底部螺栓温度最高,应力最小,没有超过其屈服极限;在柱翼缘上,连接部位基本都达到了其相应温度下的屈服强度极限,最大应力也达到了强化应力;在端板上,大部分没有超过屈服极限,但局部最大应力达到了强化应力。

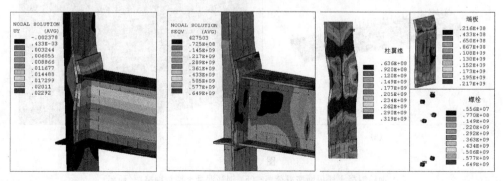

图 8-84 连接失效前的变形图和 Mises 应力云图

8.4.3 轻型钢筋混凝土复合楼板的有限元分析

1. 工程背景

轻型钢筋混凝土复合楼板是钢结构建筑的重要构件,对其力学性能的分析是钢结构整体承载能力分析的重点和难点。主要困难是楼板的尺寸较大(3×9,m),钢筋尺寸较小($\phi 4$,mm)。

在对钢筋混凝土复合楼板几何结构进行拓扑分析的基础上建立了能考虑钢筋与混凝土握合力以及能够考虑混凝土剥落和断裂的行为在内的较为精确的三维有限元模型,对复合楼板的大变形弯曲进行了分析。计算结果证明,复合楼板的三维有限元模型能够获得全场的应力分布以及混凝土与钢筋的握合力,能够模拟高温下楼板的断裂,也便于和钢结构中的构件如梁和柱连接。

2. 有限元模型

考虑到钢筋尺寸远小于楼板尺寸的特点,为了减少有限元网格数量和划分规则网格,将钢筋化为边长与钢筋直径相等的方型钢筋。

钢筋混凝土复合楼板的几何结构较为复杂,较难进行规则网格划分,因此在对复合楼板三维模型结构进行拓扑分析的基础上,建立几何模型时尽量减少三维几何实体之间的交界面个数,以满足大型分析软件在进行规则网格划分时对体积划分的要求。钢筋混凝土复合楼板的尺寸为长 $L=3100$mm,宽 $B=688$mm,高 $H=76$mm,纵向配筋 6 根,间距 114mm,横向配筋 21 根,间距 150mm。有限元模型见图 8-85(a),划分三维实体单元 6225 个,图 8-85(b)中为了显示钢筋网,顶层的部分混凝土没有画出。钢筋采用 Q235 钢,弹性模量为 2.1×10^5 MPa,泊松比为 0.28,轻型混凝土为 C30,弹性模

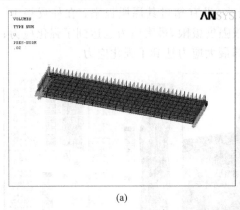

(a)

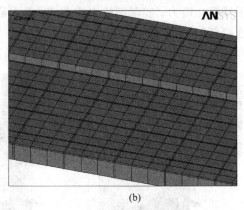

(b)

图 8-85

(a) 钢筋混凝土楼板网格载荷图;(b) 钢筋混凝土楼板网格图(局部)

量为 2.8×10^4 MPa,泊松比为 0.27。钢筋直径 4mm,宽度 B 方向配筋为 6,间距为 114mm,长度 L 方向配筋为 21,间距 150mm。楼板受均布载荷 75kPa 作用。楼板长度方向不约束,在长度为 3000mm 位置的宽度方向两端施加简支位移边界条件。

3. 结果分析

图 8-86～图 8-88 分别是加载结束时的位移和应力云图。由图 8-86 可见,板中的最大位移为 -19.36 mm,发生在板的中点,中点附近约 300mm 区域(长度方向)的位移都超过了 19mm。由图 8-87、图 8-88 可见,混凝土和钢筋的弯曲正应力 σ_x 差别较大,混凝土中的应力相对较小,最大值为 23MPa,顶部为压应力,底部为拉应力。钢筋中存在严重的应力集中,较同位置的混凝土的应力高出很多,纵筋的最大压应力为 64MPa,是同位置混凝土应力的 7 倍,约为混凝土中最大应力的 3 倍。图 8-89～图 8-91 为钢筋和混凝土的等效应力,可以看出,等效应力的最大值为 64MPa,发生在纵向钢筋上,横筋中的最大等效应力为 33MPa,纵筋和横筋交界处的等效应力为 44MPa。混凝土的最大等效应力为 23MPa。

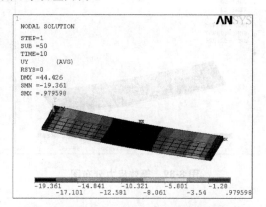

图 8-86 位移 U_y 分布图(y 轴与板面垂直)

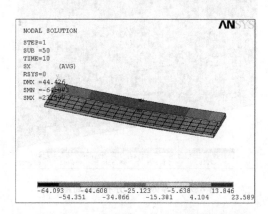

图 8-87 应力 S_x 分布图(x 轴沿楼板的长度方向)

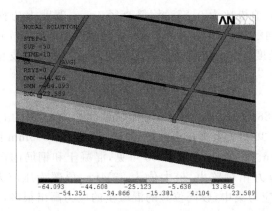

图 8-88　应力 S_x 分布图,局部放大(x 轴沿板的长度方向)

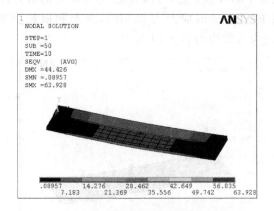

图 8-89　等效应力分布图

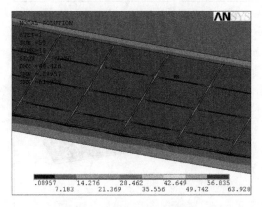

图 8-90　等效应力分布图(局部)

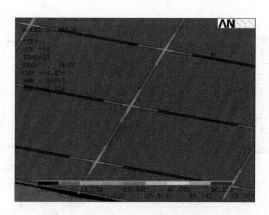

图 8-91　等效应力分布图(局部放大)

8.4.4　超高层钢筋混凝土结构梁柱节点的有限元分析

1. 工程背景

超高层钢筋混凝土结构受柱轴压比和截面限制,同时为减少梁板收缩裂纹和节省水泥,普遍采用柱混凝土强度等级高于梁、板 4 个等级的办法。由于施工中很难做到柱混凝土终凝以前浇灌梁和板,这势必造成柱与梁、板交接处留有大量施工缝。超高层建筑的这种施工缝的总和可达 1000m,这将给工程质量造成隐患。

基于上述情况,考虑既保证梁柱节点核心区强度和延性不致降低,同时又减少梁柱节点交接处的施工缝,提出降低梁柱节点核心区混凝土强度等级,使之与梁、板混凝土同等级,同时用多层钢筋笼加强梁柱节点核心区的处理方法。柱分为上、下两段。这样既消除了大量施工缝,又加强了梁柱节点核心区的强度与延性。

2. 有限元模型

有限元模型采用梁柱节点多枝多重子结构模型,梁柱节点实物几何尺寸和钢筋配置见图 8-92。梁柱节点结构混凝土强度等级:上半柱和下半柱用混凝土 C60,梁柱节点核心区和梁均用混凝土 C40。钢筋的弹性模量为 206GPa,C60 混凝土弹性模量为 36GPa,C40 混凝土的弹性模量为 32.5GPa,混凝土的泊松比为 0.167。考虑超高层建筑结构在风载、自重和地震载荷联合作用下,参照工程设计规范,计算出梁、柱节点承受的载荷。然后依据力的等效原则,在靠近梁、柱节点的梁和柱横截面上施加轴力和剪力,在约束的边界条件下,梁柱节点在外力作用下构成一个力的平衡体。梁柱节点的载荷分布与约束边界条件如图 8-93 所示。

有限单元的选取及划分。将梁柱节点的混凝土离散成三维 8 节点等参单元(简称块单元),将梁柱节点的钢筋离散为空间桁架单元。为准确模拟梁柱节点的实际配

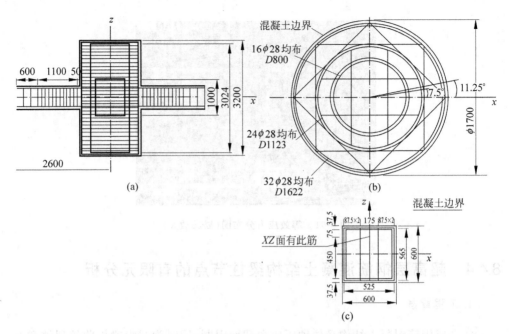

图 8-92　梁柱节点结构几何尺寸和钢筋配置

(a) 梁柱节点立面图；(b) 柱剖面；(c) 梁剖面

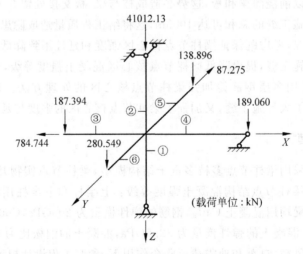

图 8-93　梁柱节点的载荷分布与约束边界条件

筋方案,在对钢筋和混凝土进行离散化时,模拟钢筋的空间桁架单元和模拟混凝土的空间块单元的单元节点必须包括结构中所有纵筋和箍筋的交点,这要求单元细分,计算规模很大,在微机上计算十分困难。为了解决这一矛盾,根据梁柱节点结构特点,采用多枝与多重子结构方法。

将整个梁柱节点结构划分为 21 个子结构,如图 8-94 所示。柱部分由两枝 8 重子结构组成,其中 V4S、V2I、V4X 和 V2D 是有小尺寸钢筋笼柱中核心区的 4 个子结构,V21~V25 和 V41~V45 是 10 个结构相同的子结构;梁部分由 4 枝单重子结构组成;母结构为仅有 849 个节点(分别在 $Z=0$ 柱截面和 4 个梁与柱的交界面上)组成的无单元的结构,该无单元母结构的作用是拼装 4 个梁和上下段的柱子,形成梁柱节点结构整体。

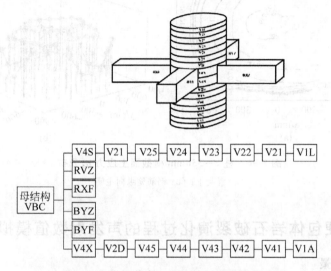

图 8-94　梁柱节点子结构的划分及其关系

3. 结果分析

图 8-95 为正 X 方向梁(BXZ)的根部 $x=851$mm、横截面和 $y=-43.75$mm 纵截面上混凝土弯曲正应力 σ_x(即 S_{xx})分布,应力单位为 MPa。

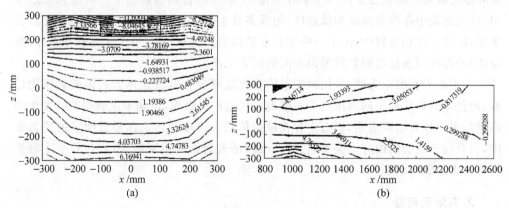

图 8-95　正 X 方向梁上混凝土弯曲正应力 σ_x 分布

(a) 梁根部 $x=851$mm 横截面;(b) 梁 $y=-43.75$mm 纵截面

图 8-96 为 $z=350\mathrm{mm}$ 处的柱横截面上混凝土正应力 σ_z 和三层钢筋笼纵向主筋的钢筋应力 σ_z（即轴向应力）。

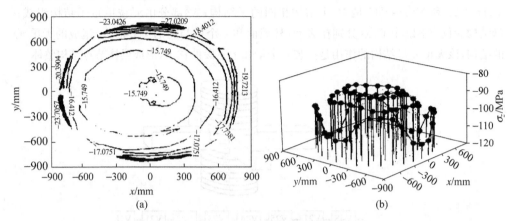

图 8-96　柱 $z=350\mathrm{mm}$ 横截面上应力 σ_z 分布

（a）混凝土；（b）钢筋笼纵向主筋

8.4.5　含硬包体岩石破裂演化过程的声发射数值模拟

1. 工程背景

地震会造成生命和财产的重大损失，提高地震预报的准确性对于减少生命和财产损失具有重大意义。目前，地震的预报主要是根据地震的历史资料进行统计分析，预测未来可能发生的地震。就研究地震前兆机理而言，较难在实验室通过模拟实验研究大范围岩石破裂的演化过程，野外的钻探可以获取地壳中某一点的应力但不能研究地壳破裂的演化过程。一些学者根据 1966 年邢台地震提出了一种地壳分层模型，认为地壳中存在高速区和低速区，地震多发生在高速区。但就地壳破裂演化过程来说，研究工作相对较少，除了一些实验室的模拟实验外，还没有关于含有硬包体（高速体）岩石破裂演化过程数值模拟方面的研究工作。

以平面岩石模型为例，采用声发射模拟方法研究含有硬包体岩石的破裂演化过程、硬包体的形状和不同围压对岩石破裂演化过程的影响，以确定主破裂即将发生的临界状态。计算结果表明，岩石中存在硬包体的会在硬包体内部导致明显的应力集中，岩石局部破裂后内应力会重新进行分配，随着岩石的不断破裂，存在一个主破裂即将发生的临界状态。

2. 有限元模型

研究地震问题，选取的模型与尺度有关。由于地壳厚度尺寸与地表面积的尺寸相比较小,且地震多发生在距地表较近的地方,因此可取一包含硬包体在内的薄片为研究对象,忽略体力的影响,即将研究对象简化为平面应力问题。

岩石属于结构非线性材料,参考华北地区的地质资料,确定其材料常数。载荷边界条件主要考虑了双向均匀载荷和双向非均匀载荷。对于硬包体和岩石的粘接强度按紧密粘接处理。如果在破裂演化过程中岩石和硬包体结合处的岩石或硬包体发生强度失效,即认为粘接关系失效。对于岩石和硬包体的损伤,通过损伤系数确定单元的损伤程度。

岩石母体为矩形,边长 100km,细长尖硬包体长 56km,最宽处的尺寸为 5km。岩石弹性模量为 10×10^4 MPa,泊松比为 0.27,硬包体弹性模量为 30×10^4 MPa,泊松比为 0.27。设岩石和硬包体的强度极限为 150MPa,岩石和硬包体的损伤参数取为 1。有限元模型如图 8-97 所示。在周边的中点分别施加零节点位移,消除刚度矩阵的奇异性。水平方向与铅直方向载荷均为 100MPa。

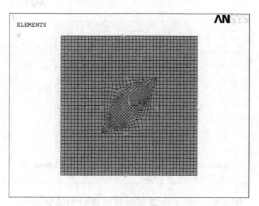

图 8-97　有限元网格划分

3. 结果分析

图 8-98～图 8-100 绘制了岩石破裂演化过程的等效应力,图 8-100 为主破裂即将发生的临界状态。由图 8-98 可知,由于硬包体的存在,硬包体内存在较高的应力集中,最小的应力为 160MPa,最高应力为 245MPa。高应力区材料破裂后,高应力区向外转移,见图 8-99,最高应力为 340MPa,硬包体的周围的一个接近椭圆环形区域的应力约为 150MPa。高应力区的岩石再次破裂后,岩石达到主破裂即将发生的极限状态,见图 8-100。此时,椭圆环形区域内的等效应力均超过 200MPa,最大值为 786MPa,距原硬包体尖端较近。

按计算步骤,反复进行弹性模量、弹性矩阵和刚度矩阵的修正并重新计算可以获得一系列岩石破裂演化过程的等效应力分布。

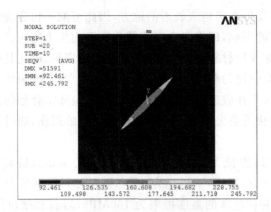

图 8-98 首次加载结束时的等效应力

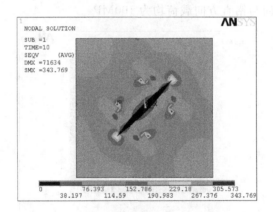

图 8-99 第 1 次重新加载结束时的等效应力

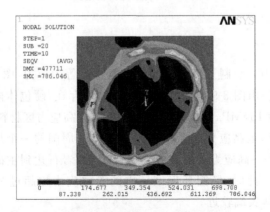

图 8-100 主破裂即将发生的极限状态

8.5 有限元法在生物力学中的应用

8.5.1 有限元法在膝关节修复中的应用

1. 医学背景

由于人体膝关节负重大且运动量多,受到损伤后其中部分需要行全膝关节置换术。目前市场上用于膝关节置换术的假体,常常由于人工半月板的磨损、磨屑进入关节腔内、关节运动不稳定、运动产生应力集中现象等原因,使得病人需要再行全膝关节置换术,给病人的身体和精神都带来了极大痛苦。目前需要解决的问题是在膝关节设计过程中,降低人工膝关节接触表面的应力,不能出现应力集中现象。

2. 有限元模型

人工膝关节的有限元模型如图 8-101 所示,模拟了人体膝关节完全伸直(屈膝 0°)和屈膝(40°)位置的情况,保持股骨远端的上表面完全约束固定,胫骨近端下表面自由度进行了 X 和 Y 两个方向的约束,讨论膝关节在其他位置时的应力分布。材料属性及单元类型如表 8-4 所示。

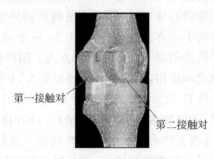

第一接触对

第二接触对

图 8-101 模型装配图

表 8-4 模型材料的弹性模量、泊松比和单元类型

材　　料	弹性模量/GPa	泊松比/μ	单元类型
钴铬钼合金	220	0.36	Solid45
超高分子量聚乙烯	1.95	0.43	Solid45
骨头	16	0.29	Solid45

3. 结果分析

计算结果表明,人工膝关节和半月板间的接触压力大小和位置有明显差别(见图 8-102)。

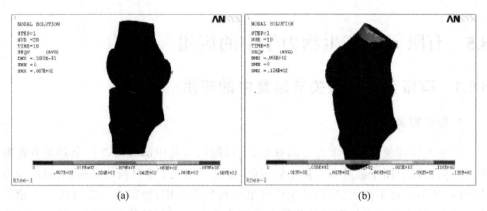

图 8-102　不同工况条件下的等效应力分布

(a) 屈膝 0°模型 mises 应力云图；(b) 屈膝 40°模型 mises 应力云图

8.5.2　有限元法在漏斗胸矫形手术中的应用

1. 医学背景

漏斗胸是一种常见的先天性胸廓畸形，发病率为 $0.1\%\sim0.3\%$，其主要特点是以剑突为中心的胸骨下段及相应的肋软骨向后凹陷，严重情况下凹陷的胸骨会压迫心脏，降低肺活量，影响患者的心肺功能，同时胸壁畸形的外观，会造成患者自卑感、心理损害等。纠治漏斗胸的手术方式有多种，其中 Nuss 手术以其优良的治疗效果，成为时下最为外科医生所推崇的漏斗胸矫正手术方式。用微创手术治疗漏斗胸已经在儿童漏斗胸矫形中得到成功应用，也逐渐应用到成年人，获得了较好的效果。

但是，临床实践发现，约有 30％漏斗胸患者伴有特发性脊柱侧弯畸形，进行微创手术矫形还面临一些风险，致使许多患者得不到治疗。国内医院胸外科已经诊治漏斗胸患者 2600 例中的部分患者伴有严重脊柱侧弯畸形。进行漏斗胸矫形以后发现部分患者的脊柱侧弯得到了一定程度的矫正，部分患者的脊柱侧弯程度加重，也有部分患者脊柱侧弯程度不变。国外的学者也发现儿童脊柱侧弯弓向和胸廓凹陷畸形同侧或异侧有关。对此类病人进行手术还面临一定风险。

在 Nuss 手术中，通过在患者体内插入矫形板，强制性抬高凹陷的胸骨及部分肋软骨，达到矫正漏斗胸的目的，但对术后产生大变形的胸骨及肋软骨力学环境的改变却少有研究。因此采用生物力学有限元仿真的方法，模拟 Nuss 手术过程，研究其改变胸骨及肋软骨的力学环境对人体产生的影响，得到相关数据，可为漏斗胸矫正手术提供理论依据。

在漏斗胸微创矫形过程的数值模拟研究方面的主要工作包括根据 CT 或 MRI图片进行人体前胸廓模型的三维重建和建立基于大型分析软件的三维有限元模型以及对矫形过程的模拟。用于漏斗胸矫形模拟的前胸廓模型主要两种：一是骨与骨的连接关系为刚接的模型；二是骨间有装配关系的多体模型。进行漏斗胸以及漏斗胸并发脊柱侧弯矫形过程的模拟对指导临床手术方案设计具有重要意义。

2. 有限元模型

采用三维重建软件 Mimics 和点云软件的三维造型功能，构建出漏斗胸患者前胸廓三维模型，包括患者前胸廓图像数据采集、生成点云数据和构建前胸廓三维实体模型；然后利用 ANSYS 软件建立三维有限元模型，选用 20 节点三维实体单元，赋予模型相关材料属性，模拟 Nuss 手术过程。图 8-103、图 8-104 为简化后的几何模型和有限元模型，模型包含了 1～6 对上面肋骨及肋软骨、2 块胸骨和上 6 节胸椎，此种做法与相关文献介绍的 Nuss 手术变形主要集中于 2 块胸骨和 1～6 对肋骨前端肋软骨部分的结果一致。

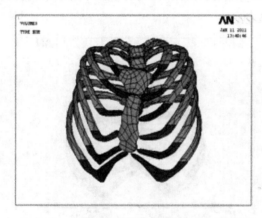

图 8-103　几何模型

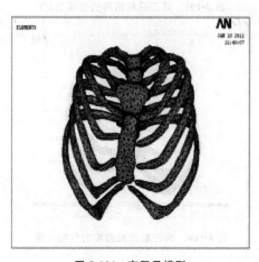

图 8-104　有限元模型

　　肋软骨与胸骨之间、两块胸骨之间、肋骨后端与椎体之间、上六块椎体之间的连接采用耦合节点位移的方法。肋骨后端与胸椎之间真实连接是通过小关节和韧带相连的，约束较强，所以在肋骨后端也选择了施加零位移约束。在胸骨柄的后面，选取部分表面，参考了北京军区总医院的临床案例，施加40mm的位移载荷。

3. 结果分析

　　图8-105为矫正后前胸廓的 Y 向位移，可以看出，患者前胸的塌陷已经得到了较好的矫正，最大位移出现在胸骨的右侧为44mm。图8-106为矫正后前胸廓等效应力，由于第一对肋骨曲率较大，矫正相对困难，所以最大应力出现在第一对肋骨后端与胸椎体的连接处，应力较大约为90MPa；而第六对肋骨曲率较小，矫正相对容易，所以应力较小为10MPa左右。因此，在胸骨矫正中矫形带的位置适当下移可有助于降低第一对肋骨的应力。

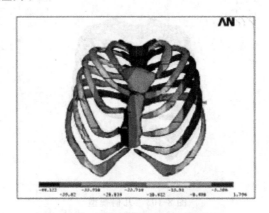

图 8-105　矫正后前胸廓的位移场 *UY*

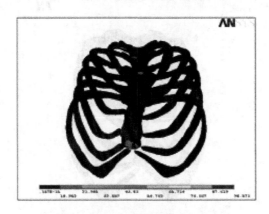

图 8-106　矫正后前胸廓应力分布云图

参 考 文 献

[1] 杨海元,张敬宇,赵志岗.固体力学数值方法[M].天津：天津大学出版社,1991.

[2] 华东水利学院.弹性力学问题的有限单元法[M].北京：水利出版社,1982.

[3] Ye J D,Li Zh,Xi Y T. The analysis to the forming process of welded pipe by non-linear finite element method [J]. Advanced Materials Research,2011,291-294：585-589.

[4] Ye J D,Xi Y T，Tan Sh Y,et al. The nonlinear finite element analysis and optimum design to the thread joint of 30 in. marine riser[J]. Advanced Materials Research,2012,479-481：1901-1904.

[5] 孙德洋,叶金铎,梁林,等.焊管成型过程的有限元分析.中国数学力学物理学高新技术交叉研究学会第13届学术年会论文集[C].北京：科学出版社,2010：410-413.

[6] 王秀华,叶金铎,梁林,等.纸浆板粉碎机刀片主轴临界转速的计算.中国数学力学物理学高新技术交叉研究学会第13届学术年会论文集[C].北京：科学出版社,2010：434-437.

[7] 叶金铎,武汉,王秀华,等.人体髋关节的三维重建与有限元多体模型.第九届全国生物力学学术会议论文集[C].天津：《医用生物力学》编辑部,2009：68.

[8] 胡建英,叶金铎,牛洪军.锥模和弧形模芯拔管成型过程的非线性有限元分析[J].天津理工大学学报,2006(2):23-26.

[9] 叶金铎,彭国宏,胡建英.冷拔无缝钢管残余应力测量的杂交实验方法[J].实验力学,2007(1):75-78.

[10] 胡建英,叶金铎.残余应力对液压油缸缸筒承载能力影响的有限元分析[J].机床与液压,2006(10):111-113,124.

[11] 陆远忠,叶金铎,蒋淳,等.中国强震前兆地震活动图像机理的三维数值模拟研究[J].地球物理学报,2007(2):499-508.

[12] 叶金铎,赵连玉,沈兆奎,等.工业构件塑变校正的非线性有限元分析[J].机械设计,2004(9):33-35.

[13] 叶金铎,陆远忠,蒋淳.含硬包体岩石破裂演化过程的声发射数值模拟[J].天津理工学院学报,2004(4):1-5.

[14] 叶金铎,张卓,王秀华.轻型钢筋混凝土复合楼板的三维有限元分析[J].天津理工大学学报,2005(1):33-36.

[15] 李林安,成广庆,佟景伟,等.钢筋混凝土斜交刚构连续梁桥的实验与数值分析[J].实验力学,2003(03)：295-300.

[16] 杨秀萍,张怀章,姚斌.压型钢板-混凝土组合楼板火灾响应分析[J].武汉大学学报(工学版),2009(1)：119-123.

[17] 于润生,杨秀萍.Yx形液压密封圈的有限元分析及结构优化[J].润滑与密封,2011(7):66-69,74.

[18] 沈珉,佟景伟,李鸿琦,等.超高层钢筋混凝土结构梁柱节点的有限元分析[J].天津大学学报,1999(3):130-133.

[19] 叶航,王毅,叶金铎.箱压缩机吸气簧片阀的优化设计[J].天津理工大学学报,2007,23(4):64-67.

[20] 叶航,王毅,叶金铎.压缩机排气系统运动仿真及专用软件开发[J].家电科技,2005,9,36-38.

[21] 杨秀萍,于润生,甘禹.焦炭塔地震响应的参数化有限元分析[J].天津理工大学学报,2010,26(6):823-825.